大学计算机应用基础实验教程

主 编 高 瑜 毛盼娣 潘银松
副主编 颜 烨

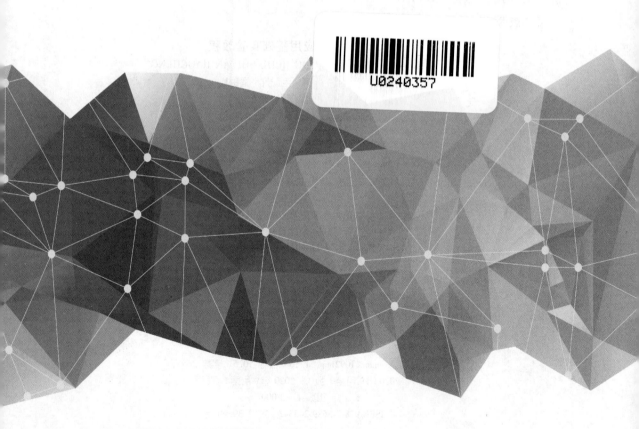

重庆大学出版社

内容提要

本书根据教育部对普通高等院校计算机公共基础课程的基本要求,再结合当前知识经济和信息社会的客观需求进行编写。主要内容包括 Windows 10 系统的基本操作、MS Office 三大办公软件(Word 2019、Excel 2019、PowerPoint 2019)操作和计算机网络应用。本书以全国计算机二级 MS Office 考试和 MOS 国际认证考试为依托,采用案例式编写方式,注重理论知识与实际应用相结合,内容新颖、图文并茂,着重培养学生面向应用的实际操作能力和综合能力。

本书是与《大学计算机应用基础》(潘银松等主编)教材配套使用的实验教程。结合主教材的变化,该书随之进行了调整,既可作为应用型本科学校计算机公共基础课程的教材,也可作为全国计算机等级考试的辅助教材及广大计算机技术爱好者自学用书。

图书在版编目(CIP)数据

大学计算机应用基础实验教程 / 高瑜,毛盼娣,潘
银松主编. -- 重庆:重庆大学出版社,2020.9
计算机科学与技术专业本科系列教材
ISBN 978-7-5689-2433-7

Ⅰ.①大… Ⅱ.①高…②毛…③潘… Ⅲ.①电子计
算机—高等学校—教材 Ⅳ.①TP3

中国版本图书馆 CIP 数据核字(2020)第 178565 号

大学计算机应用基础实验教程
DAXUE JISUANJI YINGYONG JICHU SHIYAN JIAOCHENG

主　编　高　瑜　毛盼娣　潘银松
副主编　颜　烨
策划编辑:杨粮菊

责任编辑:文　鹏　　版式设计:杨粮菊
责任校对:王　倩　　责任印制:张　策

＊

重庆大学出版社出版发行
出版人:饶帮华
社址:重庆市沙坪坝区大学城西路 21 号
邮编:401331
电话:(023)88617190　88617185(中小学)
传真:(023)88617186　88617166
网址:http://www.cqup.com.cn
邮箱:fxk@ cqup.com.cn(营销中心)
全国新华书店经销
重庆长虹印务有限公司印刷

＊

开本:787mm×1092mm　1/16　印张:10.5　字数:265 千
2020 年 9 月第 1 版　　2020 年 9 月第 1 次印刷
印数:1—3 000
ISBN 978-7-5689-2433-7　定价:39.90 元

前　言

随着信息技术的蓬勃发展,计算机已经成为人们日常生活中必不可少的应用工具,正确使用计算机也早就成为人们的必要技能之一。我国高校的计算机基础教育已步入一个新的发展阶段,各专业对学生计算机应用能力也提出了更高的要求。为了适应这种发展,各高校纷纷修订了课程的教学大纲,教学内容也不断推陈出新。我们根据教育部计算机基础教学指导委员会的一些相关文件及国内召开的一些计算机基础课程的研讨会议精神,再结合本校作为应用型大学改革试点学校的实际情况,编写了本书。

目前绝大部分高等学校都开设了计算机基础课程,本书编写的宗旨是使读者系统地了解计算机基础知识,具备计算机实际综合应用能力,并能在各自的专业领域更好地发挥作用。结合很多大学生在进入高校之前,或多或少学习过计算机一些基础知识,但是缺乏综合应用能力的情况,本书采用案例的方式进行编写。为了更好地从实际应用的角度出发,我们在办公软件章节所选用的案例综合了全国计算机二级 Office 考题和微软办公软件国际认证标准的题目。同时,本书的附录部分还给读者提供了部分二级考试基础知识的选择题及两套上机操作题目,希望能"以证促学",提高学生的学习兴趣及对计算机的应用能力。

● 本书结构

第 1 章,Windows 10 操作系统上机实训,帮助读者学习系统的一些基本操作。

第 2 章,通过 Word 2019 文字处理操作中的 3 个案例,由浅到深地帮助读者学习文字处理软件的详细功能。

第 3 章,通过 Excel 2019 电子表格操作中的 3 个案例,逐层展开,帮助读者学习电子表格软件的详细功能。

第 4 章,通过 PowerPoint 2019 演示文稿操作中的 2 个案例,帮助读者学习演示文稿软件的详细功能。

第 5 章,计算机网络应用,帮助读者学习基本网络环境下的配置与访问功能。

附录 1,全国计算机二级 MS Office 基础知识选择题100 道。

附录 2,全国计算机二级 MS Office 2010 操作题两套。

附录 3,常用的三大办公 Office 软件的快捷键汇总,希望读

1

者能够更加快捷地操作,提高办公的效率。

● 本书编者

本书由处在计算机基础教学一线的教师编写,其中第 1 章和第 5 章的内容由颜烨负责编写;第 2 章由毛盼娣负责编写;第 3 章由潘银松负责编写;第 4 章和 3 个附录由高瑜负责编写。第 1、3、4、5 章中的配图由高瑜完成,最后由高瑜完成统稿。参与编写工作的还有肖潇、张强、梁艳华、姚韵、张云权等。潘银松对全书进行了审校。本书在编写过程中,还得到重庆大学计算机学院的大力支持,重庆大学曾一教授及符欲梅副教授也为该书提供了许多宝贵意见,在此表示衷心的感谢。

● 本书声明

在编写过程中,编者难免会有许多考虑不周之处,书中错误和不妥之处恳请读者不吝赐教。书中因题目设计需要,涉及的人物姓名、职务和网址等内容,仅用于题目训练,与实际无关,如有雷同,纯属偶然。

编 者

2020 年 5 月

目录

第 **1** 章
Windows 10 操作系统上机实训

案例 1　Windows 10 基本操作

一、实验目的

①掌握鼠标的基本操作。
②掌握窗口、菜单的基本操作。
③掌握桌面主题的设置。
④掌握任务栏的使用、设置及任务切换功能。
⑤掌握"开始"菜单的组织。
⑥掌握快捷方式的创建。

二、实验内容

①鼠标的使用。
②桌面主题的设置。
③改变屏幕分辨率及窗口外观显示字体。
④桌面图标设置及排列。
⑤使用库。
⑥任务栏的设置。
⑦Windows 10 窗口的操作。
⑧"开始"菜单的使用。

三、实验步骤

1.鼠标的使用
【步骤1】　指向
将鼠标依次指向任务栏上每一个图标,如将鼠标指向桌面右下角时钟图标显示计算机系统日期。

【步骤2】 单击

单击用于选定对象。单击任务栏上的"开始"按钮,打开"开始"菜单,将鼠标移到桌面上的"此电脑"图标处单击,图标颜色变浅,说明选中了该图标,如图1.1.1所示。

图1.1.1 选中的"计算机"图标

【步骤3】 拖动

将桌面上的"此电脑"图标移动到新的位置。如不能移走,则应在桌面上空白处右击,在快捷菜单的"查看"菜单中,将"自动排列图标"前的对钩去掉。

【步骤4】 双击

双击用于执行程序或打开窗口。双击桌面上的"此电脑"图标,即打开"此电脑"窗口;双击某一应用程序图标,即启动某一应用程序。

【步骤5】 右击

右击用于调出快捷菜单。右击桌面左下角"开始"按钮,或右击任务栏上空白处、桌面上空白处、"此电脑"图标,右击一文件夹图标或文件图标,都会弹出不同的快捷菜单。

2.桌面主题的设置

在桌面任意一空白位置右击鼠标,在弹出的快捷菜单中选择"个性化",出现"个性化"设置窗口。

【步骤1】 设置桌面主题

选择桌面主题为"应用主题"的"鲜花",观察桌面主题的变化,然后单击"保存主题",保存该主题为"我的桌面主题",如图1.1.2所示。

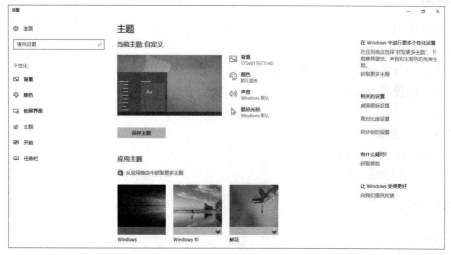

图1.1.2 个性化设置窗口

【步骤2】　设置窗口颜色

单击图1.1.2上方当前使用主题右侧的"颜色"选项或者窗口左侧的"颜色"选项,打开如图1.1.3所示"颜色"窗口,选择一种颜色,如"玫瑰红",此时最先换色的是任务栏,然后就是电脑的资源管理器窗口边框颜色也从原来的蓝色变为玫瑰红色,用户也可以自定义一些其他颜色,最后单击"保存修改"按钮。

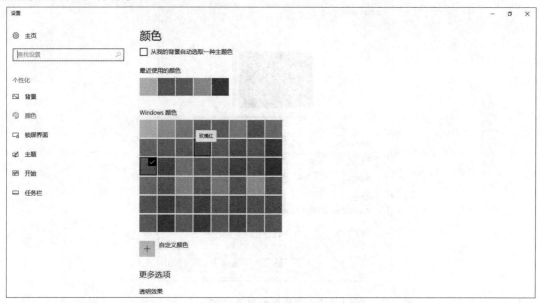

图 1.1.3　"颜色和外观"设置窗口

【步骤3】　设置桌面背景

单击图1.1.2中的"背景",背景有图片、纯色、幻灯片放映三种,设置为幻灯片放映,时间间隔为1分钟,无序放映,如图1.1.4所示。

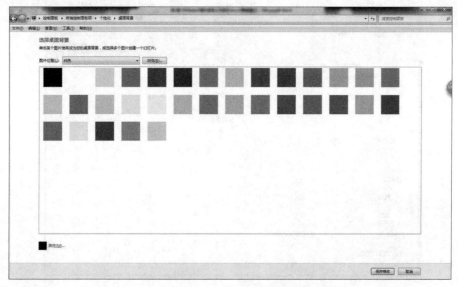

图 1.1.4　桌面背景设置窗口

【步骤4】　设置屏幕保护程序

设置屏幕保护程序为 3D 文字,屏幕保护等待时间为 5 分钟。

①单击图 1.1.2 中的"锁屏界面",在锁屏界面的右侧最下方单击"屏幕保护程序设置"选项,打开"屏幕保护程序设置"对话框,如图 1.1.5 所示;在"屏幕保护程序"下拉框中选择"3D 文字",在"等待"下拉框中选择"5"分钟,然后单击"确定"按钮。

图 1.1.5　屏幕保护程序设置窗口

②在如图 1.1.6 所示对话框的"自定义文字"框中输入"hello",然后单击"选择字体"按钮,选择需要的字体。

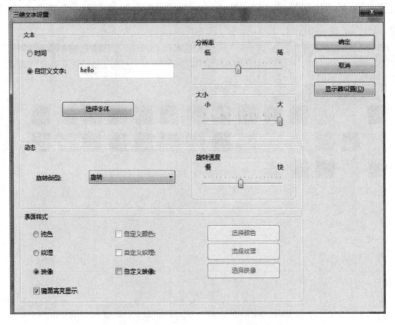

图 1.1.6　"三维文字设置"窗口

③如果要为屏幕保护设置密码,则应在如图 1.1.5 所示窗口中的"在恢复时显示登录屏

幕"复选框中打"√"。

3. 改变屏幕分辨率及窗口外观显示字体

【步骤 1】　更改屏幕分辨率

在桌面空白处单击右键,在快捷菜单中选择"屏幕分辨率",在如图 1.1.7 所示窗口中展开"屏幕分辨率"栏中的下拉条,设置屏幕分辨率后单击"保留更改"按钮。

图 1.1.7　屏幕分辨率设置窗口

【步骤 2】　设置窗口显示字体

①在图 1.1.7 所示窗口中,在缩放与布局处可以选择 100% 和 125%,或者单击"自定义缩放",打开如图 1.1.8 所示窗口,填写 150%,然后单击"应用"按钮。

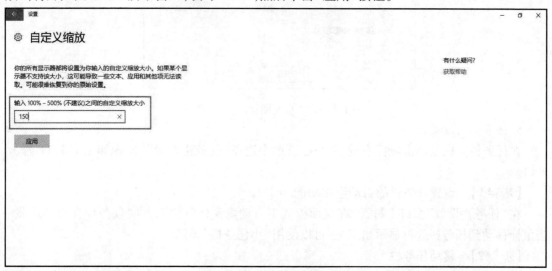

图 1.1.8　显示设置窗口

②该设置需要注销计算机后生效,计算机中所有字体都会发生变化。比如在桌面空白处单击右键,会发现弹出的快捷菜单字体和颜色都发生了改变。打开资源管理器或 Word 文档等,也会发现菜单字体和颜色都发生了改变,如图 1.1.9 所示。

图 1.1.9　菜单窗口

4.桌面图标设置及排列

在"个性化"设置窗口(见图 1.1.2)中右侧部分选择"桌面图标设置",出现如图 1.1.10 所示对话框,选中"控制面板"项,然后单击"确定"或"应用"按钮。

图 1.1.10　"桌面图标设置"窗口

5.任务栏的设置

在任务栏空白处单击鼠标右键,在快捷菜单中选择"任务栏设置",出现如图 1.1.11 所示窗口。

【步骤1】　设置任务栏的自动隐藏功能

在"任务栏设置"窗口上打开"在桌面模式下自动隐藏任务栏",此时任务栏会自动隐藏。当鼠标移动到任务栏处再显示出来,还可以使用"小任务栏"模式。

【步骤2】　移动任务栏

在"任务栏设置"窗口中设置任务栏在屏幕上的位置为"顶部",将任务栏移动至桌面顶部。

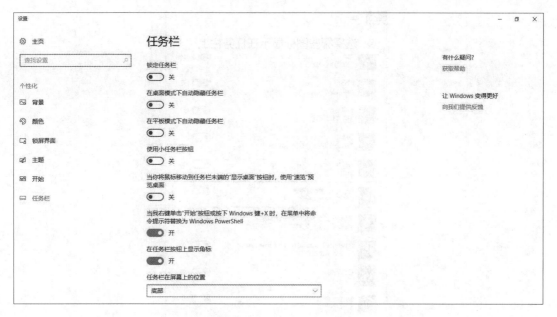

图 1.1.11　任务栏设置界面

【步骤 3】　改变任务栏按钮显示方式

在默认情况下,合并任务栏按钮为"始终隐藏标签"状态,此时任务栏图标显示为图 1.1.12 所示。改变任务栏按钮显示方式为"从不"或者"任务栏已满时",此时任务栏图标显示为图 1.1.13 所示。

图 1.1.12　"始终隐藏标签"状态下的任务栏

图 1.1.13　"从不"状态下的任务栏

【步骤 4】　在通知区域显示 U 盘图标

当计算机外接了移动设备,如 U 盘,默认情况下,U 盘图标处于隐藏状态。单击图 1.1.11 所示窗口中"通知区域"的"选择哪些图标显示在任务栏上",在图 1.1.14 所示窗口中设置 "Windows 资源管理器"项为"开"状态,U 盘图标就会显示在通知区域中。用户也可以将其从隐藏区直接拖动出来。

【步骤 5】　在任务栏上显示"地址"工具栏

在任务栏的任意空白处单击鼠标右键,勾选快捷菜单中的"工具栏"→"地址"项,如图 1.1.15 所示,地址栏即出现在任务栏中,在地址栏中输入网址或者文件磁盘路径后按下回车键即可访问。

【步骤 6】　将程序锁定到任务栏

运行 Word 程序,任务栏上会显示一个 Word 图标,关闭文档后任务栏上的图标将消失。右击任务栏上的 Word 图标,在快捷菜单中选择"将此程序锁定到任务栏"即可将 Word 程序锁定到任务栏,如图 1.1.16 所示。关闭 Word 程序后,任务栏上仍然显示 Word 图标,单击该图标就可以打开 Word 程序。

图 1.1.14 显示或隐藏图标

图 1.1.15 任务栏快捷菜单

图 1.1.16 将程序固定到任务栏菜单

6. Windows 10 窗口进行操作

【步骤1】 Windows 10 窗口操作

双击桌面上的"此电脑"图标,打开"计算机"窗口,进行如下操作:

①单击窗口右上角的三个按钮,实现最小化、最大化/还原和关闭窗口操作。

②拖动窗口四边框或窗口角,调整窗口大小。

③用鼠标拖曳标题栏,移动窗口;双击标题栏,可最大化窗口或还原窗口。

④通过快捷键调整窗口。窗口最大化:WIN + 向上箭头;窗口靠左显示:WIN + 向左箭头;靠右显示:WIN + 向右箭头;还原或窗口最小化:WIN + 向下箭头。

⑤单击窗口功能区中"查看"选项卡,选择窗格逻辑组中的"导航窗格""预览窗格""详细信息窗格",观察"此电脑"窗口格局的变化。

⑥使用"Alt + 空格"在屏幕左上角打开控制菜单,然后使用键盘进行窗口操作。

⑦按快捷键"Alt + F4"关闭窗口。

【步骤2】 使用 Windows 10 窗口的地址栏

①在"此电脑"窗口的导航窗格(左窗格)中选择"C:\文档"文件夹,在地址栏中单击"文档"右边的箭头按钮,可以打开"文档"目录下的所有文件夹,如图 1.1.17 所示。选择一个文件夹,如"Tencent Files",即可打开该文件夹。

图 1.1.17 Windows 10 窗口中的地址栏

②在地址栏空白处单击,箭头按钮会消失,路径会按传统的文字形式显示。

③地址栏的右侧还有一个向下的箭头按钮,单击该按钮,可以显示曾经访问的历史记录,如图 1.1.18 所示。

图 1.1.18 访问历史记录

④利用窗口左上角的"←""→"和"↑"按钮,可以在浏览记录中导航而不需关闭当前窗

口。单击"←"按钮,可以回到上一个浏览位置;单击"→"按钮,可以重新进入之前所在的位置,单击"↑"按钮,可以退回到上一层目录文件夹。

7. 创建桌面快捷方式

在桌面上创建一个指向画图程序(mspaint. exe)的快捷方式,可以使用以下两种方法:

方法一:

①右击桌面空白处,在桌面快捷菜单中选择"新建"→"快捷方式"命令,打开"创建快捷方式"对话框。

②在"请键入对象的位置"框中键入 mspaint. exe 文件的路径"C:\Windows\system32\mspaint. exe"(或通过"浏览"选择),如图 1.1.19 所示,单击"下一步"按钮。

图 1.1.19　创建快捷方式窗口

③在"键入该快捷方式的名称"框中输入"画图",再单击"完成"按钮,如图 1.1.20 所示。

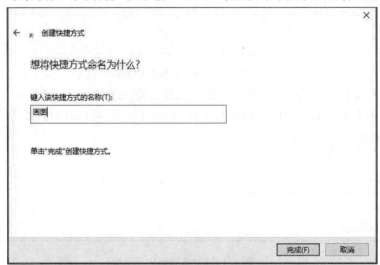

图 1.1.20　快捷方式命名窗口

方法二：

①在资源管理器窗口中选文件"C：\windows\system32\"，找到画图程序 mspaint. exe，单击右键并在弹出的快捷菜单中选择"发送到"→"桌面快捷方式"。

②用鼠标右键单击所建的快捷方式图标，选择"重命名"命令，将快捷方式名称改为"画图"。

案例 2　Windows 10 文件操作

一、实验目的

①了解资源管理器的功能及组成。

②掌握文件及文件夹的概念。

③掌握文件及文件夹的使用，包括创建、移动、复制、删除等。

④掌握文件夹属性的设置及查看方式。

⑤掌握运行程序的方法。

二、实验内容

①资源管理器的操作。

②创建文件夹。

③复制、剪切、移动文件。

④文件及文件夹的删除与恢复。

⑤文件的改名。

⑥查看并设置文件和文件夹的属性。

⑦控制窗口内显示/不显示隐藏文件(夹)。

⑧设置文件及文件夹的显示方式及排列方式。

⑨文件和文件夹的搜索。

三、实验步骤

1. 打开资源管理器

①右击桌面左下角"开始"按钮，在出现的快捷菜单中选择"文件资源管理器"，如图1.2.1 所示。

相比 Windows 7 系统来说，Windows 10 在文件资源管理器界面方面的功能设计更为周到，页面功能布局也较多，设有菜单选项卡、预览窗格、导航窗格等，内容更丰富。

Windows 10 资源管理器界面布局更简洁。操作时，单击页面中"查看"选项卡，在显示的功能区中选择"布局"中需要的窗格逻辑组，可以选择信息窗体、预览窗格、导航窗格等，如图 1.2.2 所示。

②文件夹查看。Windows 10 文件资源管理器在管理方面的设计更利于用户使用，特别是在查看和切换文件夹时。查看文件夹时，上方目录处会根据目录级别依次显示，中间还有向右的小箭头。

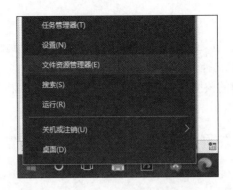

图 1.2.1　右键单击开始菜单

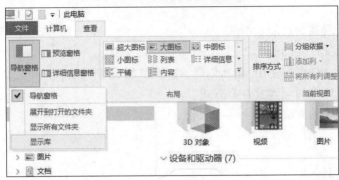

图 1.2.2　布局窗口

当用户单击其中某个小箭头时,该箭头会变为向下,显示该目录下所有文件夹名称。单击其中任一文件夹,即可快速切换至该文件夹访问页面,非常便于用户快速切换目录。

此外,当用户单击文件夹地址栏处,可以显示该文件夹所在的本地目录地址,如图 1.2.3所示。

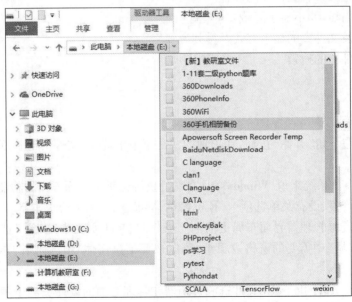

图 1.2.3　查看文件夹

　　③查看最近访问位置。Windows10 资源管理器的"快速访问",默认情况下是不显示常用的文件夹和文件的,可以单击"查看"选项卡下"选项"功能,在弹出的"文件夹选项"窗口中勾选"在'快速访问'中显示最近使用的文件"和"在'快速访问'中显示常用文件夹",如图1.2.4 所示,不过"最近访问的位置"只显示位置和目录。

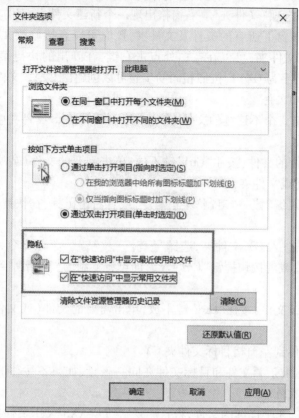

图 1.2.4 "文件夹选项"设置

　　在查看最近访问位置时,可以查看访问位置的名称等,双击即可打开文件,如图 1.2.5 所示。

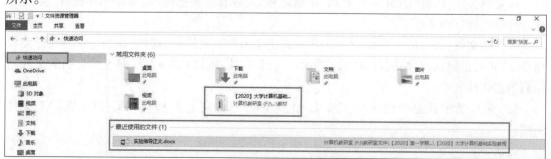

图 1.2.5 最近访问的位置

2. 创建文件夹

　　在 G 盘上创建一个名为 GY 的文件夹,再在 GY 文件夹下创建两个并列的二级文件夹,名为 GZY1 和 GZY2。

方法一:打开文件资源管理器窗口,在导航窗格选定"G 盘";单击功能区的"主页"选项卡,单击"新建文件夹"功能,在右窗格中出现新建的文件夹,此时可以直接在图标下方输入 GY。

方法二:打开资源管理器窗口,在左窗格选定"G 盘",在右键弹出的快捷菜单中选择新建,此时只有一个级联选项"文件夹"。右窗格出现一个新建文件夹,名称为"新建文件夹",同时在左窗格中会展开该盘下所有的文件及文件夹,此时可以直接修改文件夹名字为 GY。双击 GY 文件夹,进入该文件夹,可以在空白处点击右键,在弹出的快捷菜单中选择"新建"→"文件夹",之后修改名字为 GZY1,按照相同的步骤可以创建出 GZY2 文件夹。

3. 复制、剪切、移动文件

(1)在 G 盘中任选 3 个不连续的文件,将它们复制到 G:\XS 文件夹中。

方法一:

①选中多个不连续的文件:按住"Ctrl"键不放,单击需要的文件(或文件夹),即可同时选中多个不连续的文件(或文件夹)。

②复制文件:执行"编辑"→"复制"菜单命令,或者右击鼠标,在快捷菜单中选"复制",或者按快捷键"Ctrl + C"。

③粘贴文件:双击进入 GY 文件夹,选择"编辑"→"粘贴"菜单命令,或者右击鼠标,在快捷菜单中选择"粘贴",或者按快捷键"Ctrl + V",即可将复制的文件粘贴到当前文件夹中。

方法二:

①选中多个不连续文件:按住"Ctrl"键不放,单击需要的文件(或文件夹),即可同时选中多个不连续的文件。

②拖曳选中的文件到左窗格目标文件夹 GY。

特别要注意的是,由于源文件和目标文件在同一磁盘,如果不按住"Ctrl"键拖曳文件,将移动文件而不是复制文件。

(2)在 G 盘中任选 3 个连续的文件,将它们复制到 G:\XS\XS1 文件夹中。

①选中多个连续的文件:按住"Shift"键不放,单击需复制的第一个文件及最后一个文件,即可同时选中这两个文件之间的所有文件。

②复制文件:执行"编辑"→"复制"菜单命令,或者右击鼠标,在快捷菜单中选择"复制",或者按快捷键"Ctrl + C"。

③粘贴文件:双击进入 GY 文件夹,再双击进入 GZY1 文件夹,选择"编辑"→"粘贴"菜单命令,或者右击鼠标,在快捷菜单中选"粘贴",或者按快捷键"Ctrl + V",即可将复制的文件粘贴到当前文件夹中。

(3)在 G 盘中任意新建 3 个文件 1. txt、2. txt、3. txt,将它们移动到 G:\GY\GZY1 文件夹中。

方法一:

①选择要移动的 3 个文件:1. txt、2. txt、3. txt。

②选择"编辑"→"剪切"菜单命令(或者单击右键,在弹出的快捷菜单中选择"剪切"命令,也可以按快捷键"Ctrl + X")。

③定位到目标位置:G:\GY\GZY1,选择"编辑"→"粘贴"菜单命令或者按下快捷键"Ctrl + V"即可。

方法二：

①选择要移动的 3 个文件：1. txt、2. txt、3. txt。

②按住鼠标右键并移动到目标位置 G：\GY\GZY1。

③释放鼠标，在弹出的快捷菜单中选择"移到当前位置"命令。

方法三：

①在"文件资源管理器"或者"此电脑"窗口中选择要移动的 3 个文件：1. txt、2. txt、3. txt。

②按住"Shift"键拖动到目标位置。（注意：此方法使用的是移动文件，移动位置不在同一个磁盘中；如果文件是在同一磁盘上，可以直接拖动来移动文件和文件夹）。

4. 文件及文件夹的删除与恢复

【步骤1】　删除文件至"回收站"

①打开文件夹 G：\GY\GZY1，选中文件 1. txt，单击鼠标右键。

②按"Delete"键或选择菜单命令"文件"→"删除"，或在右键快捷菜单中选择"删除"，显示确认删除信息框，单击"是"按钮，确认删除。

【步骤2】　删除文件夹"G：\GY\GZY2"

步骤方法同上，但对象文件夹在左、右窗格中都可选择。

【步骤3】　从"回收站"恢复被删除的文件夹及文件

①双击桌面上的"回收站"图标打开回收站，选中文件夹"G：\GY\GZY2"。

②选择菜单命令"文件"→"还原"，或在右键菜单中选择"还原"命令，即可恢复被删除的文件夹；同理，可恢复被删除的文件 1. txt。

【步骤4】　永久删除一个文件夹或文件

①选中待删除的文件（夹），按"Shift + Delete"快捷键。

②在确认删除框中单击"是"，即可彻底删除该文件（夹）。

5. 文件的改名

【步骤1】　改主文件名

打开 G：\GY 文件夹，在任意空白处单击鼠标右键，在快捷菜单中选择"新建"→"文本文档"，出现一个新文件，名为"新建文本文档"，而且文件名处于编辑状态。输入新文件名"CQUCC"，按回车键确认即可（文件的全名为"CQUCC. TXT"）。单击选中文件 CQUCC. TXT，在文件名处再单击，文件名进入编辑状态，此时可再次修改文件名。

注意：Windows 10 操作系统有时候系统默认在文件名处只显示文件名，在文件名和扩展名都显示的情况下，此处的修改文件名是指修改名称处圆点左边的部分。

【步骤2】　改扩展名

打开桌面计算机，在窗口的功能区选择"查看"选项卡，找到"显示/隐藏"逻辑组，如图1.2.6所示。勾选"文件扩展名"选项，显示文件扩展名，去掉勾选后，扩展名再次隐藏。

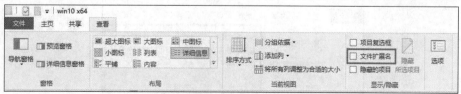

图 1.2.6　"显示/隐藏"逻辑组

6. 查看并设置文件和文件夹的属性

选定文件夹 GZY2,在右键菜单中选择"属性",出现属性对话框。在"常规"窗口,可以看到类型、位置、大小、占用空间、包含的文件夹及文件数等信息,如图 1.2.7 所示。选中窗口中的"只读"项,GZY2 文件夹成为只读文件;选中"隐藏"项,GZY2 成为隐藏文件夹。

图 1.2.7　文件属性窗口

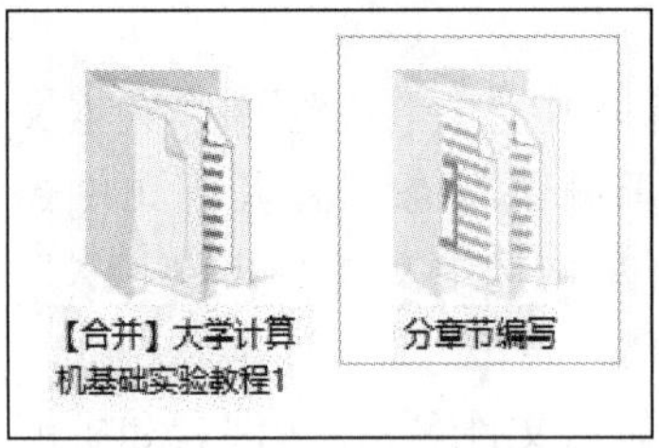

系统默认隐藏那些属性设置为"隐藏"的文件。打开"文件资源管理器",在"查看"选项卡下,勾选如图 1.2.6 中所示的隐藏项目选项,即可查看当前路径下的隐藏文件或文件夹,如图 1.2.8 所示。

7. 设置文件及文件夹的显示方式及排列方式

【步骤 1】　改变文件夹及文件的显示方式

图 1.2.8　隐藏文件

在文件资源管理器中打开"查看"选项卡,如图 1.2.9 所示,分别选择"大图标""中等图标""小图标""平铺""内容""列表""详细信息"等选项,可以改变文件夹及文件的排列方式。图 1.2.10 是选择了"详细信息"选项后,文件夹下的文件显示效果。

图 1.2.9　文件夹布局方式

名称	修改日期	类型	大小
【草稿】实验教程	2020-07-09 21:39	文件夹	
【合并】大学计算机基础实验教程1	2020-07-09 23:14	文件夹	
分章节编写	2020-07-09 21:39	文件夹	
大学计算机基础实验指导	2017-09-25 22:03	WinRAR ZIP 压缩...	63,677 KB
实验教程修改	2017-09-24 14:20	WinRAR 压缩文件	596 KB
实验指导正文	2020-07-11 19:51	Microsoft Word ...	29,490 KB
新建 Microsoft Excel 工作表	2020-07-11 18:13	Microsoft Excel ...	7 KB
修改后的图	2017-09-20 22:08	WinRAR 压缩文件	5,233 KB

图 1.2.10　某路径下文件夹按"详细信息"方式显示

【步骤 2】　改变文件夹及文件的图标排列方式

选择"查看"选项卡下"当前视图"逻辑组中的排序方式按钮,弹出如图 1.2.11 所示的菜单,或鼠标右击,在快捷菜单中选择"排序方式",出现如图 1.2.12 所示菜单,选择"名称""大小""类型""修改日期"等,图标的排列顺序随之改变。

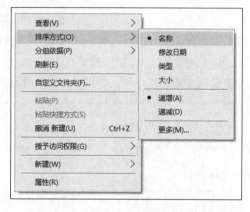

图 1.2.11　文件夹选项窗口　　　　　图 1.2.12　文件夹排序快捷菜单

8. 文件和文件夹的搜索

①设置搜索方式。在文件资源管理器窗口中地址栏的最右侧单击搜索框,会在功能区中出现如图 1.2.13 所示的"搜索工具"选项卡。在该选项卡下可以设置搜索的位置,填好搜索内容后,还可以根据"修改日期""类型""大小"等属性优化搜索内容,同时还可以找到最近的搜索历史记录。

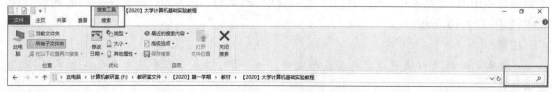

图 1.2.13　"搜索"选项卡

②在当前文件夹下设置搜索的类型为图片,此时会在搜索框中填入相应的数据,并把满足条件的结果显示出来,如图 1.2.14 所示。

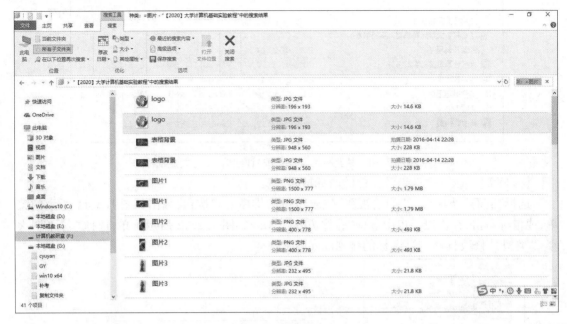

图 1.2.14　搜索框

相对于传统搜索方式来说,Windows 10 系统中的索引式搜索仅对加入索引选项中的文件进行搜索,可缩小搜索范围,加快搜索的速度。

③在搜索框中输入".pdf",如图 1.2.15 所示。

图 1.2.15　搜索框输入搜索内容

④一般情况下,用户可以更改索引位置,不需手动设置索引选项,Windows 10 系统会自动根据用户习惯管理索引选项,并且为用户使用频繁的文件和文件夹建立索引。用户也可以单击高级选项中的"更改索引位置",打开"索引选项"对话框,手动将一些文件夹添加到索引选项中,如图 1.2.16 所示。

注意

在搜索的时候可以使用通配符来表示文件,"＊"号可以表示零个或者多个任意字符;"?"表示任意一个字符。

对于搜索,Windows 10 系统还提供了一个 Cortana 搜索,可以在任务栏点击右键弹出的菜单中选择是否显示出来,如图 1.2.17 所示。

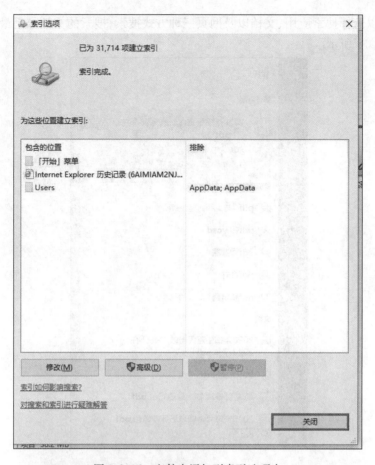

图 1.2.16　文件夹添加到索引选项中

图 1.2.17　Cortana 搜索框

该搜索可以选择搜索应用、文档以及网页三种方式搜索,搜索的文档都是最近电脑上打开过的,如图 1.2.18 所示。

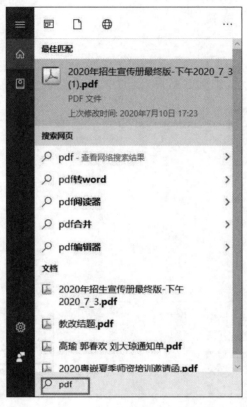

图 1.2.18　Cortana 搜索 pdf 结果

第**2**章
Word 2019 文字处理操作

案例 1　Word 2019 文档排版

一、实验目的

①熟悉 Word 2019 的操作命令。

②掌握 Word 2019 基本窗口、菜单和对话框的操作。

二、实验内容

（备注：文档素材由教师提供或参考计算机二级 Office 真题）

某高校为了使学生更好地进行职场定位和职业准备，提高就业能力，该校学工处将于 2013 年 4 月 29 日（星期五）19：30—21：30 在校国际会议中心举办题为"领慧讲堂——大学生人生规划"就业讲座，特别邀请资深媒体人、著名艺术评论家赵薹先生担任演讲嘉宾。

请根据上述活动的描述，利用 Microsoft Word 提供的"Word. docx"文档基础上编辑排版制作一份宣传海报，具体操作要求如下：

①调整文档版面，要求页面高度为 35 cm，页面宽度为 27 cm，页边距（上、下）为 5 cm，页边距（左、右）为 3 cm，并将图片"Word-海报背景图片. jpg"设置为海报背景。

②设置第一行字体格式，字体：微软雅黑，字号：初号、红色标准色、加粗，居中。第二至六行字格式设置为黑体、蓝色、一号字号、左对齐。第七行字格式设置为华文行楷、白色、居中对齐。第八行设置为黑体、白色、一号字号、右对齐。

③设置海报内容中"报告题目""报告人""报告日期""报告时间""报告地点"信息的段落间距为多倍行距"4"。"欢迎大家踊跃参加"的段前前后设置为 1 行。

④在"主办：校学工处"位置后另起一页，并设置第 2 页的页面纸张大小为 A4 篇幅，纸张方向设置为"横向"，页边距为"普通"。

⑤在新页面的"日程安排"段落下面，复制本次活动的日程安排表（请参考"Word-活动日程安排. xlsx"文件），要求表格内容引用 Excel 文件中的内容。若 Excel 文件中的内容发生变

化,Word 文档中的日程安排信息将随之发生变化。

⑥在新页面的"报名流程"段落下面,利用 SmartArt 制作本次活动的报名流程(学工处报名、确认坐席、领取资料、领取门票)。

⑦设置"报告人介绍"段落下面的文字为"首字下沉"3 行。

⑧保存文档。

三、实验步骤

【步骤1】

①单击"页面布局"选项卡中"页面设置"对话框,在"页边距"中设置页边距(上、下)为 5 厘米,页边距(左、右)为 3 cm,如图 2.1.1 所示。在"纸张"选项中修改页面高度为 35 cm,页面宽度为 27 cm,如图 2.1.2 所示,单击"确定"按钮。

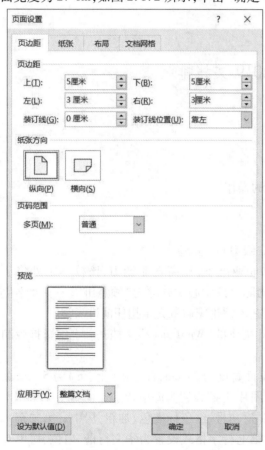

图 2.1.1 "页边距"设置

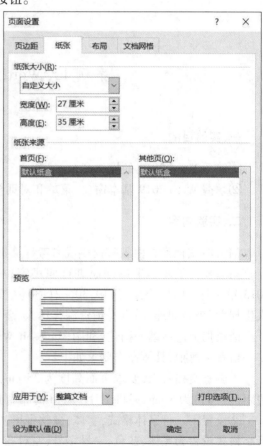

图 2.1.2 "纸张"设置

②单击"页面布局"选项卡"页面背景"组中"页面颜色"的"填充效果"命令,在"填充效果"对话框中选择"图片",如图 2.1.3 所示。单击"选择图片",找到图片所处的文件位置,单击"插入",得到如图 2.1.4 所示的图片填充效果。单击"确定"按钮,完成海报背景的设置。

【步骤2】

选中文档中相应的文字,单击"开始"选项卡"字体"组中的命令设置字体,单击"段落"组中的对齐命令设置对齐方式。

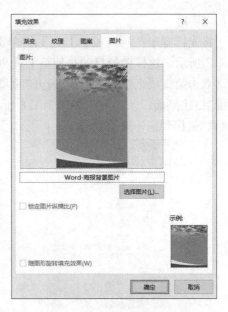

图 2.1.3　"填充效果"对话框　　　　　　　　图 2.1.4　"图片"填充效果

【步骤3】

①选中"报告题目""报告人""报告日期""报告时间""报告地点"五行文字,打开"段落"设置对话框,在"行距"选中"多倍行距","设置值"为4,如图 2.1.5 所示。

②选中文字"欢迎大家踊跃参加",打开"段落"设置对话框,在"间距"中填写"段前""段后"各 1 行,如图 2.1.6 所示。

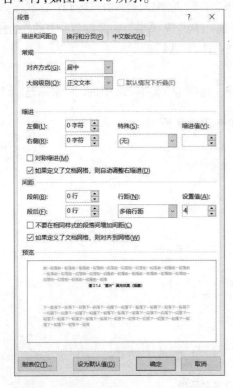

图 2.1.5　"段落"对话框之行距设置　　　　　图 2.1.6　"段落"对话框之段前段后设置

【步骤4】

①将光标置于"主办:校学工处"后,单击"页面布局"选项卡中"分隔符"的"下一页",如图2.1.7所示。这样做的目的是使第1页和第2页具有不同的纸张设置。

②双击第2页纸张的页眉处,打开"页眉"设置,在"页眉和页脚工具"选项卡的"导航"组中取消"链接到前一条页眉",如图2.1.8所示。单击"关闭"按钮或用鼠标双击纸张的其他地方,取消"链接到前一条页眉"。

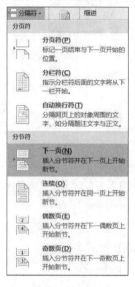

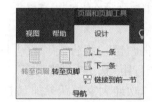

图2.1.7 "分隔符"设置   图2.1.8 取消"链接到前一条页眉"

③将光标置于第2页正文任意位置,单击"页面布局"选项卡"页面设置"中的"纸张方向",选择"横向","页边距"选择"普通","纸张大小"选择"A4"。

【步骤5】

①将光标置于"日程安排"文字下方,单击"插入"选项卡"文本"组中的"对象",选择其中的"对象"操作 ，单击"由文件创建",如图2.1.9所示。

图2.1.9 "对象"设置对话框

②单击"浏览"按钮,在"文件名"处找到需要插入的文件"Word-活动日程安排. xlsx",同时勾选"链接到文件" 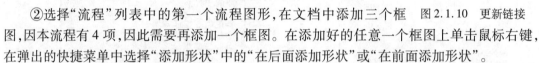 ,单击"确定"按钮,完成引用 Excel 文件中内容的操作。

若 Excel 文件中的内容出现改动,在 Word 文档表格处单击鼠标右键,在弹出的快捷菜单中选择"更新链接",如图 2.1.10 所示,Word 文档中的日程安排信息随之发生变化。

图 2.1.10　更新链接

【步骤 6】

①将光标置于"报名流程"下方,单击"插入"选项卡"插图"组中的"SmartArt",打开"选择 SmartArt 图形"对话框,如图 2.1.11 所示。

②选择"流程"列表中的第一个流程图形,在文档中添加三个框图,因本流程有 4 项,因此需要再添加一个框图。在添加好的任意一个框图上单击鼠标右键,在弹出的快捷菜单中选择"添加形状"中的"在后面添加形状"或"在前面添加形状"。

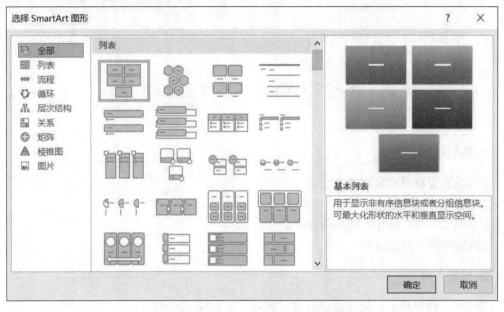

图 2.1.11　"选择 SmartArt 图形"对话框

③为了美化 SmartArt 图形,单击"SmartArt 工具"选项卡"设计"中的"更改颜色",选择"彩色"的第一种颜色,同时选择"SmartArt 样式"中"三维"的"优雅"样式。

④根据需要调整 SmartArt 图形的宽度和高度,在 4 个框图中分别输入"学工处报名""确认坐席""领取资料""领取门票"。

【步骤 7】

将光标置于"报告人介绍"段落下面的文字,选择"插入"选项卡"文本"组中的"首字下沉",如图 2.1.12 所示。选择"首字下沉"选项,打开"首字下沉"对话框,在"位置"中选择"下沉","下沉行数"填写"3",如图 2.1.13 所示,单击"确定"按钮。

【步骤 8】

单击文档保存命令 ⊟ 或按快捷键"Ctrl + S"保存文档。

图 2.1.12 "首字下沉"设置　　　　　　图 2.1.13 "首字下沉"对话框

案例 2　Word 文档综合排版

一、实验目的

①熟悉设置页眉和页脚的方法。
②学会绘制流程图。
③掌握文字与表格相互转换的方法。
④掌握邮件合并的应用。

二、实验内容

(备注:文档素材由教师提供或参考计算机二级 Office 真题)

北京明华中学学生发展中心的小刘老师负责向校本部及相关分校的学生家长传达有关学生儿童医保扣款方式更新的通知。该通知需要下发至每位学生,并请家长填写回执。请按要求帮助小刘老师编排家长信及回执。打开素材 Word.docx,具体操作均在此文档上完成,操作要求如下:

①进行页面设置:纸张方向为横向、纸张大小为 A3(宽 42 cm × 高 29.7 cm),上、下边距均为 2.5 cm,左右边距均为 2.0 cm,页眉、页脚分别距边界 1.2 cm。要求每张 A3 纸上从左到右按顺序打印两页内容。

②左右两页均于页面底部中间位置显示格式为"-1-""-2-"类型的页码,页码自 1 开始。

③插入"空白(三栏)"型页眉,在左侧的内容控件中输入学校名称"北京明华中学",删除中间的内容控件,在右侧插入考生文件夹下的图片 Logo.jpg 代替原来的内容控件。适当缩小图片,使其与学校名称高度匹配。将页眉下方的分隔线设为标准红色、2.25 磅、上宽下细的双线型。

④按下列要求为指定段落应用相应格式：

段　　落	样式或格式
文章标题"致学生儿童家长的一封信"	标题
"一、二、三、四、五"所示标题段落	标题 1
"附件 1、附件 2、附件 3、附件 4"所示标题段落	标题 2
除上述标题行及蓝色的信件抬头段外，其他均为正文格式	仿宋、小四号，首行缩进 2 字符，段前间距 0.5 行，行间距 1.25 倍
信件的落款（三行）	居右显示

⑤利用"附件 1：学校、托幼机构'一小'缴费经办流程图"下面用灰色底纹标出的文字、参考样例图绘制相关的流程图，要求：除右侧的两个图形之外，其他各个图形之间使用连接线，连接线将会随图形的移动而自动伸缩，中间的图形应沿垂直方向左右居中。

⑥将"附件 3：学生儿童'一小'银行缴费常见问题"下的绿色文本转换为表格，将表格套用"浅色网格-强调文字颜色 4"样式。合并表格同类项，删除重复的文字，然后将表格整体水平垂直居中。

⑦在信件抬头的"尊敬的"和"学生儿童家长"之间插入学生姓名；在"附件 4：关于办理学生医保缴费银行卡通知的回执"下方的"学校："""年级和班级："（显示为"初三一班"格式）、"学号：""学生姓名："后分别插入相关信息，学校、年级、班级、学号、学生姓名等信息存放在考生文件夹下的 Excel 文档"学生档案. xlsx"中。将制作好的回执复制一份，将其中"（此联家长留存）"改为"（此联学校留存）"，在两份回执之间绘制一条剪裁线并保证两份回执在一页上。

⑧为所有学校初三年级的每位在校状态为"在读"的女生生成家长通知，通知包含家长信的主体、所有附件、回执。要求每封信中只能包含 1 位学生信息。将所有通知页面另以文件名"正式通知. docx"保存在考生文件夹下（如果有必要，应删除文档中的空白页面）。

三、实验步骤

【步骤 1】

打开"页眉设置"对话框，在"页边距"选项卡中设置"页边距"和"纸张方向"，如图 2.2.1 (a)所示。在"纸张"选项卡中选择"纸张大小"为 A3，如图 2.2.1(b)所示。在"版式"选项卡中设置页眉、页脚分别距边界 1.2 cm，如图 2.2.1(c)所示。在"页边距"选项卡中的"页码范围"中选择"拼页"，如图 2.2.1(d)所示，可实现每张 A3 纸上从左到右按顺序打印两页内容。

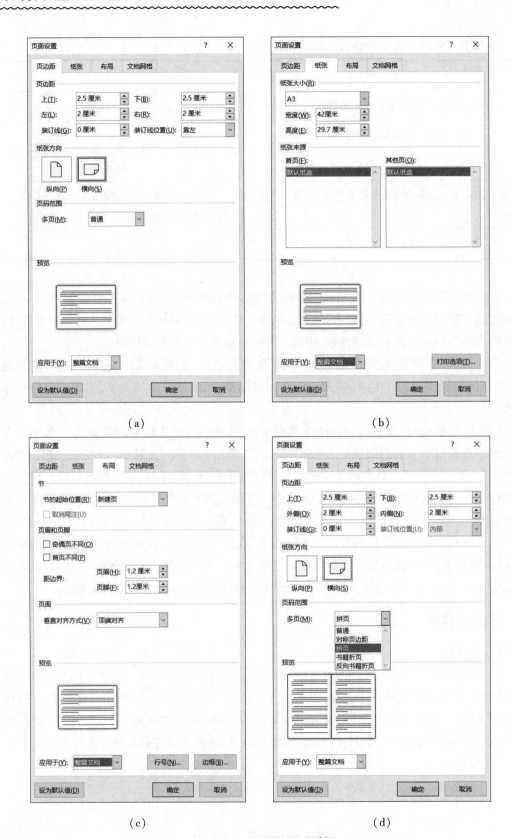

（a）   （b）

（c）   （d）

图 2.2.1 "页面设置"对话框

【步骤 2】

①单击"插入"选项卡"页眉和页脚"组中的"页码",选择"设置页码格式",打开"页码格式"对话框,在"编号格式"中选择"-1-""-2-"类型的页码,"页码编号"选择"起始页码-1-",如图 2.2.2 所示。单击"确定"按钮。

②双击页面底端,打开"页眉和页脚"设置,在"页眉和页脚工具""设计"选项卡的"页眉和页脚"组中选择"页码底端"的"页码",题目要求页码位于中间位置,因此选择"普通数字2",如图 2.2.3 所示。然后单击"关闭"按钮或双击页面其他非页眉和页脚位置,完成页码的添加。

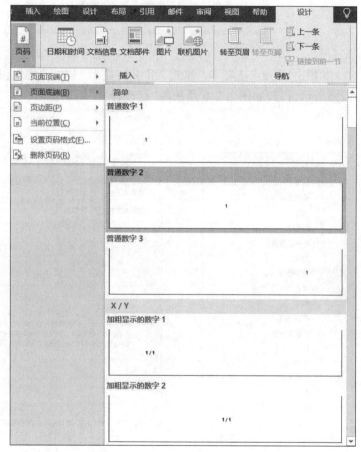

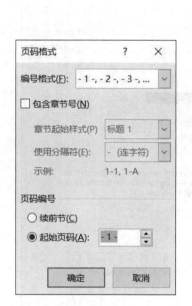

图 2.2.2　"页码格式"对话框　　　　　　图 2.2.3　选择"页码"位置

【步骤 3】

①单击"插入"选项卡"页眉和页脚"组中的"页眉",选择"空白(三栏)"型页眉,如图 2.2.4 所示。也可双击页面顶端,打开"页眉和页脚工具"设计命令,选择需要的页眉。

②将光标置于左侧的内容控件中,输入学校名称"北京明华中学"。选中中间的内容控件,按键盘 Delete 键删除该控件。将光标置于右侧的内容控件中,单击"插入"选项卡"插图"组中的"图片",插入 Logo. jpg 图片,鼠标与图片周边任何一个控点相重合,当鼠标指针变成双向箭头时,可以调整图片的大小,使其与学校名称高度匹配。单击"关闭"按钮或双击页面其他非页眉和页脚位置,完成页眉的添加。

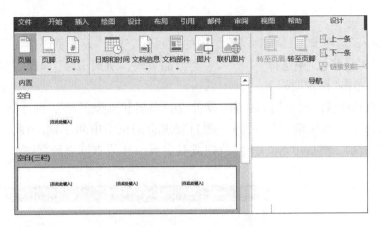

图 2.2.4 选择"页眉"类型

③单击"开始"选项卡"样式"组中的显示"样式"窗口,选择"页眉"中的"修改",如图 2.2.5 所示,打开如图 2.2.6 所示的"修改样式"对话框。

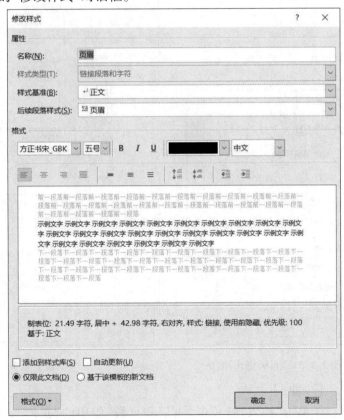

图 2.2.5 显示"样式"窗口　　　　图 2.2.6 "修改样式"对话框

④单击"修改样式"对话框左下角的"格式",选择其中的"边框",如图 2.2.7 所示。打开如图 2.2.8 所示的"边框和底纹"对话框,在"样式"中选择上宽下细的双线型,在"颜色"中选择标准红色,"宽度"中选择 2.25 磅。在"预览"中单击▨,得到如图 2.2.9 所示的预览效果。单击"确定"按钮,最后单击"修改样式"对话框的"确定"按钮,完成对"页眉"样式的修改。

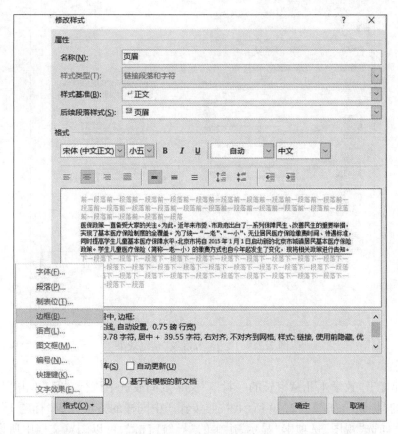

图 2.2.7　"页眉"边框格式

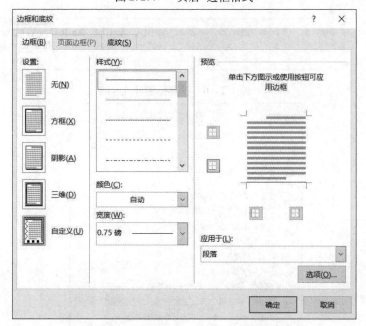

图 2.2.8　"边框和底纹"对话框

图 2.2.9 "边框和底纹"预览效果

【步骤4】

①将光标置于"致学生儿童家长的一封信"文字之间或选中该行文字，单击"开始"选项卡"样式"组中的"标题"，如图 2.2.10 所示，按照步骤 3 中同样的方法完成"标题 1"和"标题 2"段落的设置。勾选"视图"选项卡"显示"组中的"导航窗格"，可以浏览文档中所设置的标题，如图 2.2.11 所示。

图 2.2.10 设置标题样式

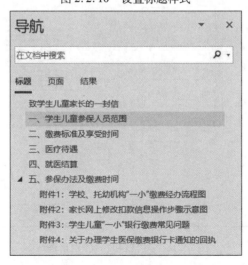

图 2.2.11 "导航窗格"

②由于文档内容较多,为便于快捷设置其他正文格式,可使用修改正文样式的方法,完成正文样式的设置。右键单击"开始"选项卡"样式"组中的"正文"样式,选择"修改",如图2.2.12所示。

图 2.2.12　"样式"菜单

打开"修改样式"对话框,如图 2.2.13 所示。在"格式"中选择仿宋字体、字号为小四,单击"修改样式"对话框左下角"格式"中的"段落",在"段落"对话框中设置段前间距 0.5 行,行间距为 1.25 倍,单击"确定"按钮,如图 2.2.14 所示。

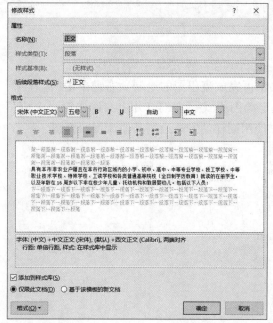
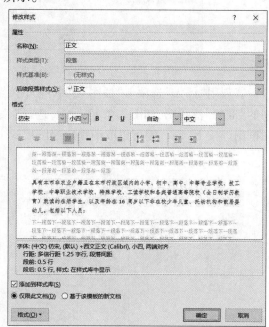

图 2.2.13　设置前的"修改样式"对话框　　　图 2.2.14　设置后的"修改样式"对话框

③选中信件的三行落款,单击"段落"的"右对齐"。

【步骤5】

由于本案例的流程图框图较多,根据题目的具体要求可以借助 PowerPoint 完成本案例的绘制。

①新建一个 PowerPoint 演示文稿,选择"空白"版式。

②因绘制的流程图篇幅较大,因此需要修改幻灯片的纸张大小。单击"设计"选项卡"自定义"中的"幻灯片大小"中的"自定义幻灯片大小(C)……"命令,打开"幻灯片大小"对话框,选择"幻灯片大小"为 A4 纸张,"幻灯片方向"为纵向,如图 2.2.15 所示,单击"确定"按钮。

根据个人的绘制习惯,调整幻灯片为合适的显示比例,例如调整显示比例为100%。单击"视图"选项卡"缩放"组中的"缩放"  命令,打开"缩放"对话框,选择100%,如图2.2.16所示,单击"确定"按钮。

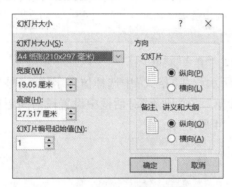

图 2.2.15 "页面设置"对话框   图 2.2.16 "显示比例"对话框

③利用"插入"选项卡"插图"组中"形状"菜单可完成流程图的绘制。右键单击"流程图"中的"准备"流程图,如图2.2.17所示,选择"锁定绘图模式",在幻灯片上绘制出第一个流程图框图。按下"Esc"键可以取消锁定绘图模式。使用同样的方法绘制其他流程图框图。

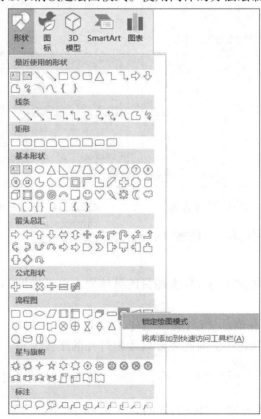

图 2.2.17 "形状"菜单

④选中所有绘制的框图,使用"绘图工具""格式"选项卡"形状样式"组中的"形状填充"

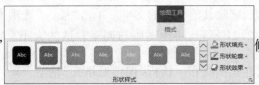

"形状轮廓" 修改绘制的框图为样例中的样式。

⑤为了使添加的文字在框图中自动换行和自动调整大小,可使用框图的"快捷菜单"来完成。具体步骤如下:

选中所有绘制的框图,右键单击框图,打开框图的"快捷菜单",如图 2.2.18 所示。单击"大小和位置",打开"设置形状格式"窗格;单击"文本框",在"自动调整"中选择 ⊙ 溢出时缩排文字(S) ,如图 2.2.19 所示。可以根据个人的需要调整"内部边距"数据和其他设置。

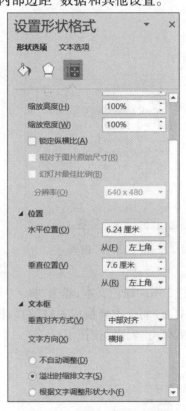

图 2.2.18　"框图"快捷菜单　　　　图 2.2.19　"设置形状格式"窗格

⑥根据样例将文档中的文字复制、粘贴到流程图框图中,设置字体颜色为黑色。

⑦选中需要左右居中的框图,单击"绘图工具""格式"选项卡"排列"组中的"对齐",选择"水平居中",如图 2.2.20 所示。

为便于连接框图,可以设置需要垂直连接的框图为统一宽度,例如,选中需要设置的框图,

在 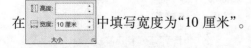 中填写宽度为"10 厘米"。

⑧绘制箭头连接线。在线条上单击右键,选择"锁定绘图模式"  ,再

将相邻的框图控点连接起来,按照这种方法绘制整个流程图的连接线。

⑨将光标置于"附件1"标题的下方,删除其他无关的文字。单击"插入"选项卡"插图"组中的"形状",选择"新建画布",如图 2.2.21 所示,将绘图画布调至合适的大小。在演示文稿幻灯片上全选所绘制的流程图并复制,在绘图画布上执行"保留源格式"粘贴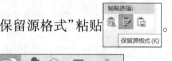。

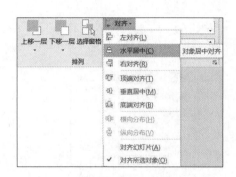

图 2.2.20 "对齐"设置

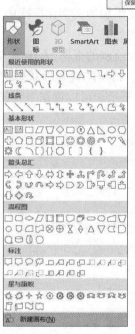

图 2.2.21 新建绘图画布

【步骤6】

①选中附件3中的绿色文本,单击"插入"选项卡"表格",再选中"文本转换成表格",如图 2.2.22 所示。打开"将文本转换成表格"对话框,如图 2.2.23 所示,核对列数和"文字分隔位置",确认无误后单击"确定"按钮。

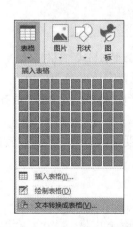

图 2.2.22 文本转换成表格

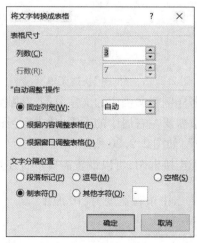

图 2.2.23 "将文字转换成表格"对话框

②在"表格工具"选项卡"表格样式"中选择"网络表 6 彩色 – 着色 4"样式,如图 2.2.24 所示。

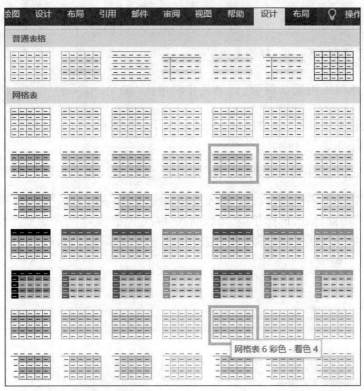

图 2.2.24　"表格工具"样式

③单击"对齐方式"中最中间的对齐方式,实现水平垂直居中。选中需要合

并的文本,右键打开快捷菜单,选择"合并单元格",如图 2.2.25 所示。用同样的方法合并其他两行,按样例删除多余文本。

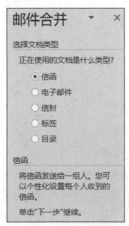

图 2.2.25　文本快捷菜单图　　　　图 2.2.26　邮件合并第 1 步

【步骤7】

①将光标定位在附件4内容的"学校:"后面,单击"邮件"选项卡下的"开始邮件合并"选项 ,在弹出的列表中选择"邮件合并分步向导",窗口右侧打开"邮件合并"窗格,如图2.2.26所示,然后单击"下一步:开始文档"。

②前三步的操作采用默认设置,到第三步时单击"浏览" ,打开"选取数据源"对话框,在文件夹内找到"学生档案.xlsx"并打开。后续弹出的对话框不用设置,单击"确定"按钮即可,如图2.2.27所示。

③单击"下一步"按钮进入"撰写信函"操作 。单击窗格中的 ,弹出"插入合并域"对话框,如图2.2.28所示。首先选择学校,单击"插入"后再单击"关闭";光标定位到"年级和班级:"后面,依次选择年级、班级插入,再次单击"关闭",按照如此操作步骤完成学号、学生姓名(包括"尊敬的"和"学生儿童家长"之间)域的插入。

(a)

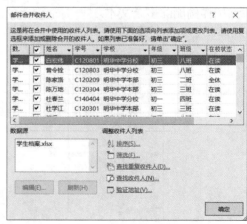

(b) (c)

图2.2.27　数据导入设置

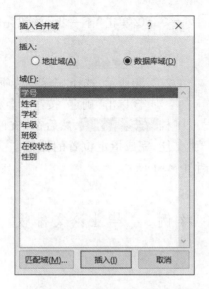

图 2.2.28　插入合并域

④把附件 4 中的内容复制并粘贴到标记文字的下一行,然后删除标记文字。添加一个空

行,选择插入选项卡下"形状"中的"直线" ,绘制一条直线。然后在"格式"

下选择 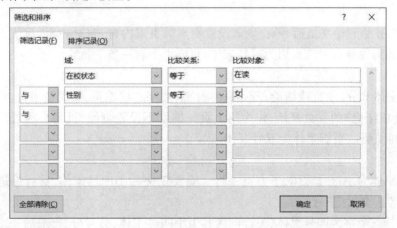,之后在虚线中选择"短划线" ,把复制内容中"此联家

长留存"改为"此联学校留存"。

【步骤 8】

①选择邮件选项卡下的 ,打开"邮件合并收件人",弹出如图 2.2.27(c)所示的对话

框,单击对话框下方的 ,打开"筛选和排序"对话框,分别对在校状态和性别作如图

2.2.29所示操作,单击"确定"按钮。

图 2.2.29　"筛选和排序"对话框

图 2.2.30 "合并到新文档"对话框

②单击"下一步"按钮完成合并后,选择"编辑单个信函"，打开"合并到新文档"对话框,如图 2.2.30 所示,选择"全部"选项。

③单击"确定"按钮后会新建一个"信函1"的 Word 文档，然后在"文件"选项卡下选择"另存为"功能,完成指定位置的保存,"文件名"中输入"正式通知","保存类型"中选择"Word 文档"(＊.docx)。

案例3　毕业论文排版

一、实验目的

①掌握文档不同页眉和页脚的设置方法。
②学会自动生成目录的方法。
③灵活使用不同的排版方法。

二、实验内容

(备注:文档素材由教师提供)

我们在日常生活中常常会遇到对综合性文档进行排版,包含封面、摘要、目录、正文、参考文献、附录等,这种文档最典型的代表就是毕业论文。本案例选取一篇毕业论文学习对这些内容的排版。具体排版要求如下:

1)页面要求

学位论文需用 A4(21 cm×29.7 cm)标准大小的白纸。

页边距按以下标准设置:上边距(天头)3 cm;下边距(地脚)2.5 cm;左边距和右边距 2.5 cm;装订线 1 cm;页眉 1.6 cm;页脚 1.5 cm。

2)页眉

从摘要页开始到论文最后一页,均需设置页眉。页眉内容:左对齐为"重庆大学城市科技学院",右对齐为各章章名。页眉为五号宋体,页眉之下有一条下画线。

3)页脚

从论文主体部分(引言或绪论)开始,用阿拉伯数字连续编页,页码位于每页页脚的中部。页码由前言(或绪论)的首页开始,作为第1页。摘要不设置页码,目录页前置部分可单独用罗马数字编排页码。页脚字体为五号宋体。

4)摘要

"摘要"字体为小三号黑体,下方空一行。摘要正文为小四号宋体,首行缩进2字符,1.5倍行距。摘要正文后空一行。

"关键词"三个字为四号黑体,关键词内容为小四号宋体,分号分开,最后一个关键词后面无标点符号。

5）正文字体与间距

学位论文字体为小四号宋体,行间距设置为固定值 20 磅,首行缩进 2 字符。

6）主体部分

主体部分的编写格式由引言(绪论)开始,以结论结束。主体部分必须另起一页开始。一级标题之间换页,二级标题之间空行。

学位论文各章应有序号,序号用阿拉伯数字编码,层次格式为:

1××××(一级标题(标题 1)、三号黑体、居中)。

××××××××××××××××××××××××(内容用小四号宋体)。

1.1××××(二级标题(标题 2)、小三号黑体、居左)。

××××××××××××××××××××××××(内容用小四号宋体)。

1.1.1××××(三级标题(标题 3)、四号黑体、居左)。

××××××××××××××××××××××××(内容用小四号宋体)。

7）目录页

目录页由论文的章、节、条、附录、题录等的序号、名称和页码组成,另起一页排在摘要页之后,章、节、小节分别以 1.1.1、1.1.2 等数字依次标出。

"目录"两字为三号黑体居中,上下各空一行。

目录内容中文为小四号宋体,英文、数字字体为 Times New Roman,1.5 倍行距。

8）参考文献

参考文献列于正文末尾,中文用宋体五号,西文用 Times New Roman 五号字,1.5 倍行距。

三、实验步骤

【步骤 1】

单击"页面布局"选项卡中的"页面设置"对话框,在"纸张"选项卡"纸张大小"中选择"A4",21 cm×29.7 cm,如图 2.3.1(a)所示。在"页边距"选项卡中设置上边距(天头)为 3 cm;下边距(地脚)为 2.5 cm;左边距和右边距为 2.5 cm;装订线为 1 cm,如图 2.3.1(b)所示。在"版式"选项卡中设置页眉为 1.6 cm,页脚为 1.5 cm,如图 2.3.1(c)所示。

（a）　　　　　　　　　　　　　　　（b）

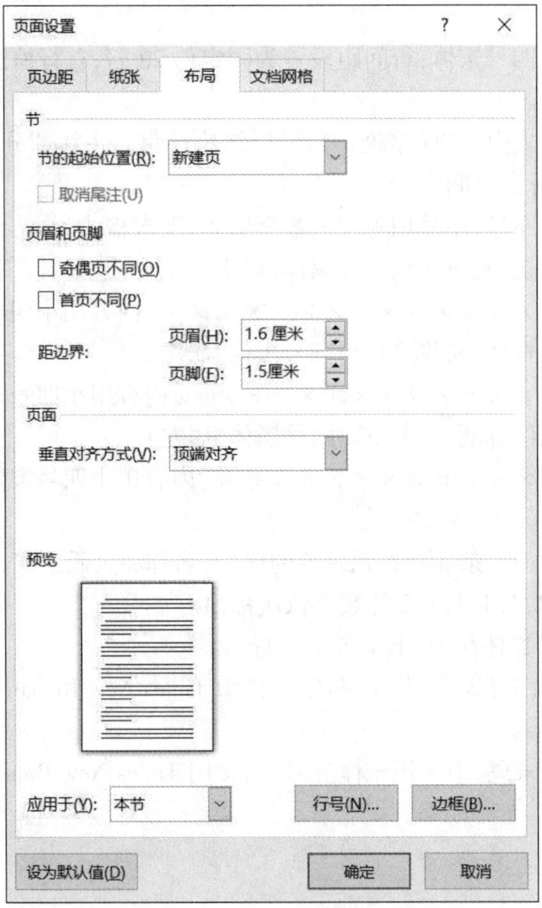

(c)

图 2.3.1 "页面设置"对话框

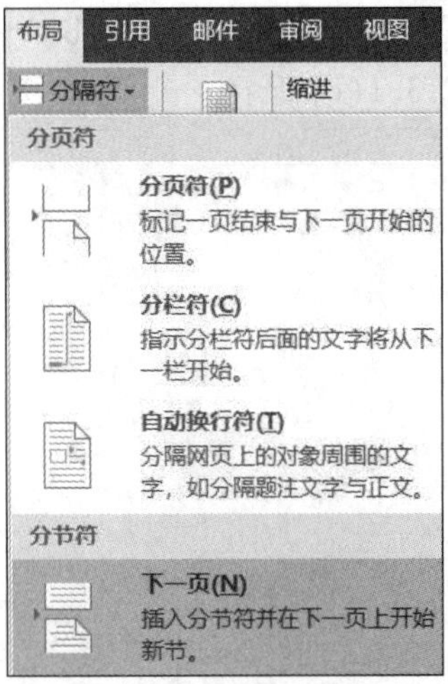

图 2.3.2 设置"分节符"

【步骤 2】

根据"页眉"和"页脚"的设置要求,文档需设置不同的页眉和页脚,因此在添加页眉和页脚前,先要设置分节符。

①将光标置于"目录"二字的前面,单击"页眉布局"选项卡"页面设置"组中的"分页符",选择"分节符"中的"下一页",如图 2.3.2 所示。可以在"页面视图"看出完成了"摘要"页和"目录"页的分页。

②单击"视图"选项卡"视图"组中的 ▣草稿,可以看出"摘要"页和"目录"页之间有"分节符(下一页)",如图 2.3.3 所示,说明"分节符"设置成功。若想删除多余的分节符,则在该视图下可以直接删除。

③切换到"页面视图",双击"目录"页的页眉处,会发现页眉的最右边显示"与上一节相同",这说明该节的页眉会自动设置成和上一节一样的页眉,如图 2.3.4 所示。同样在页脚最右边也显示"与上一节相同",这也说明该节的页脚会自动设置成和上一节一样的页脚,如图 2.3.5 所示。

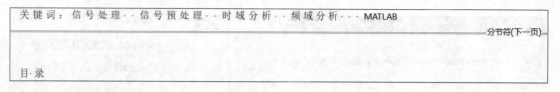

图 2.3.3　"草图"视图

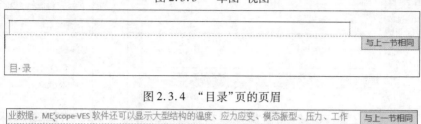

图 2.3.4　"目录"页的页眉

图 2.3.5　"目录"页的页脚

若要完成不同的页眉和页脚设置,需要删除"与上一节相同"。

在"页眉和页脚工具""设计"选项卡"导航"组中单击"链接到前一节"

,即可取消"与上一节相同"设置,单击█,完成分节符

的设置。

使用同样的方法,将光标置于各章名称的前面,设置章与章之间的分节符。

根据题目要求,目录页和摘要页是独立的页码,正文章节之间是连续的页码。需要删除"目录"页和"正文"第一章的页眉和页脚"与上一节相同"设置,只删除正文其他章节的页眉"与上一节相同"设置。

【步骤3】

双击摘要页页眉处,打开页眉设置,在页眉最左端录入"重庆大学城市科技学院",右端录入"摘要",同样录入其他章节的页眉,单击"关闭页眉和页脚"按钮。

【步骤4】

①设置目录页的页码:首先设置页码格式,在"编号格式"中选择罗马数字,在"页码编号"中选择起始页码Ⅰ,如图2.3.6所示,单击"确定"按钮。

在"页眉和页脚工具""页眉和页脚"选项卡中单击"页码",选择"普通数字2"的"页码底端"的页码,如图2.3.7所示。

②设置正文的页码:首先设置正文的页码格式,在"编号格式"中选择阿拉伯数字,在"页码编号"中选择起始页码1,如图2.3.8所示,单击"确定"按钮。

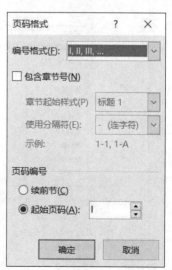

图 2.3.6　"页码格式"对话框

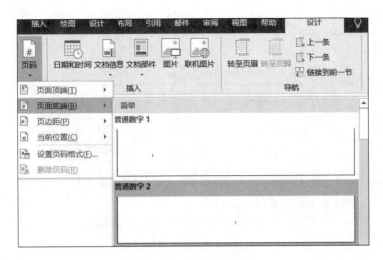

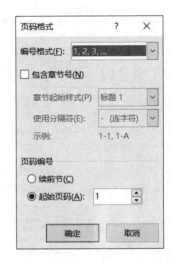

图 2.3.7　添加"页脚"　　　　　　　　　　图 2.3.8　"页码格式"对话框

在"页眉和页脚工具""页眉和页脚"选项卡中单击"页码",选择"普通数字2"的"页码底端"的页码。

【步骤5】

论文文字较多,可以采用统一设置"样式"的方式设置论文中的字体、字号、段落和标题样式。

①设置页脚样式:单击"开始"选项卡"样式"组中的"样式窗口",选择"页脚"中的"修改",如图2.3.9所示;打开"修改样式"对话框,如图2.3.10所示。

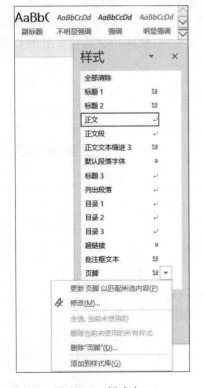

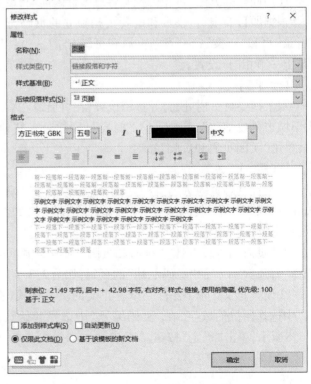

图 2.3.9　样式窗口　　　　　　　　　　图 2.3.10　"修改样式"对话框

在 ![格式 宋体 五号 B I U 自动 中文] 中设置五号宋体。

②按照同样的方法可以设置页眉的字体字号。

③设置正文样式：在图 2.3.9 所示界面中选择"正文"或在"样式"组中选择"正文"，右键

选择"修改" ![AaBbCcDd AaBbC AaBbC Aa 更新正文以匹配所选内容(P) 修改(M)... 选择所有 829 个实例(S)]，打开正文的"修改样式"对话框，修改字体为宋体小四。单

击对话框右下角的"格式"，选择"段落"，打开"段落"设置对话框，设置行距为固定值 20 磅，首行缩进 2 字符，如图 2.3.11 所示。

图 2.3.11　"段落"对话框

④按照同样的方法可以设置标题 1、标题 2、标题 3 的字体字号。

【步骤 6】

①单独选择"摘要"二字，设置字体为小三号黑体，按回车键空一行。

②选定摘要正文文字，利用"段落"对话框设置 1.5 倍行距或单击"开始"选项卡"段落"组

中的"行和段落间距设置" ![段 行距下拉菜单 1.0 1.15 1.5]，选择 1.5。

③设置"关键词"为四号黑体，关键词内容为小四号宋体，分号隔开，最后一个关键词后面

无标点符号。

【步骤7】

正文的字体与间距由【步骤5】完成。

【步骤8】

主体部分由【步骤5】和【步骤7】综合完成。

【步骤9】

①设置"目录"两字为三号黑体居中,上下各空一行。

②正文中"1××××"设置为标题1,"1.1××××"设置为标题2,"1.1.1××××"设置为标题3。设置好后可通过单击"视图"选项卡"显示"组中的"导航窗格"查看设置的标题

,如图2.3.12所示;也可通过导航窗格快速地跳转到需要查看的章节,以便内容的查看和修改。

③将光标置于目录页插入目录的地方,单击"引用"选项卡"目录"组中的"目录",选择"插入目录",如图2.3.13所示。打开"目录"对话框,如图2.3.14所示,单击"确定"按钮,添加好最初的目录。

图2.3.12　导航窗格

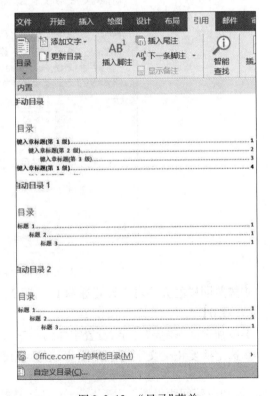

图2.3.13　"目录"菜单

④全选目录中的文字,先设置小四宋体,再设置Times New Roman字体,可完成中英文、数字字体的要求,然后设置1.5倍行距,完成目录的最后设置。

　　若生成目录后,论文内容又做了修改,可右键单击目录内容,在"目录"快捷菜单中选择"更新域",如图 2.3.15 所示;打开"更新目录"对话框,如图 2.3.16 所示,根据需要选择"只更新页码"或"更新整个目录"。

图 2.3.14　"目录"对话框

图 2.3.15　"目录"快捷菜单

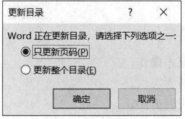

图 2.3.16　"更新目录"对话框

【步骤 10】

　　全选参考文献中的文字,先设置五号宋体,再设置 Times New Roman 字体,可完成中英文、数字字体的要求,然后设置 1.5 倍行距。

第 **3** 章

Excel 2019 电子表格操作

Microsoft Excel 2019 是 office 2019 办公组件之一,是电子表格处理软件。本章借助 3 个案例逐步揭开 Excel 2019 的神秘面纱,让学者也逐渐学习该软件的基本操作。

案例 1　制作个人开支明细表

小韩是一名刚参加工作不久的大学生,习惯使用文本文件来记录每月的个人开支情况。在 2019 年年底,小韩将每个月各类支出的明细数据录入了文件名为"开支明细表.txt"的文本文件中,但数据的处理不是很方便。现在请你用 Excel 文件来帮助他对当年的开支数据进行整理分析。

一、实验目的

①熟练掌握 Excel 2019 的基本操作。
②掌握单元格数据格式的设置方法。
③掌握条件格式及排序的设置方法。
④掌握基本函数及公式的使用方法。
⑤掌握分类汇总的操作。
⑥掌握图表的使用。

二、实验内容

①在案例 1 文件夹中新建一个 Excel 工作簿,并把文件名保存为"韩梅的美好生活.xlsx"。打开后把其中的"Sheet1"工作表重命名为"2019 年开支明细"。
②把外部 TXT 文件中的数据导入 Excel 的"2019 年开支明细"工作表的 A2 单元格。
③在工作表"韩梅的美好生活.xlsx"的第一行添加表标题"韩梅 2019 年开支明细表",并通过合并单元格,放于整个表的上端,居中。修改 A1:M15 区域字号为 12,行高为 18,列宽为 11,并加上边框线。
④将每月各类支出及总支出对应的单元格数据类型都设为"货币"类型,无小数、有人民

币货币符号。

⑤通过函数计算每个月的总支出(SUM)、各个类别月均支出(AVERAGE)、每月平均总支出(AVERAGE),并按每个月总支出升序对工作表进行排序。插入新的一列,在 B2 单元格输入"季度"两字,利用连接符"&"、函数 ROUNDUP 和 MONTH 在该列中完成季度填写,形如"第1 季度"。

⑥利用"条件格式"功能,将月单项开支金额中大于 1 000 元的数据所在单元格以不同的字体颜色与填充颜色突出显示;将月总支出额中大于月均总支出 110% 的数据所在单元格以另一种颜色显示,所用颜色深浅以不遮挡数据为宜。

⑦复制工作表"2019 年开支明细",将副本表放置到原表右侧;改变该副本表标签的颜色,并重命名为"按季度汇总";删除"月均开销"对应行。通过分类汇总功能,按季度升序求出每个季度各类开支的月均支出金额。

⑧在"按季度汇总"工作表后面新建名为"折线图"的工作表,在该工作表中以分类汇总结果为基础,创建一个带数据标记的折线图,水平轴标签为各类开支,对各类开支的季度平均支出进行比较,给每类开支的最高季度月均支出值添加数据标签。

⑨保存文档。

三、实验步骤

【步骤 1】

在案例 1 文件夹的空白处单击鼠标右键,在弹出的快捷菜单中选择"新建",在弹出的级联菜单中单击"新建 Microsoft Excel 工作表"选项,并命名为"韩梅的美好生活. xlsx"。xlsx 为文件扩展名。如果新建时没有看到扩展名,请不要添加,操作过程如图 3.1.1 所示。打开"韩梅的美好生活. xlsx"文件。

图 3.1.1　新建 Excel 工作簿及重命名

【步骤 2】

①打开"数据"选项卡下"获取和转换数据"逻辑组中的"从文本/CSV"选项,如图 3.1.2

所示。打开"导入数据"对话框,如图 3.1.3 所示。

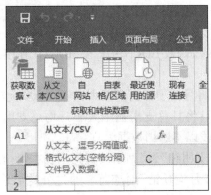

图 3.1.2　获取外部数据

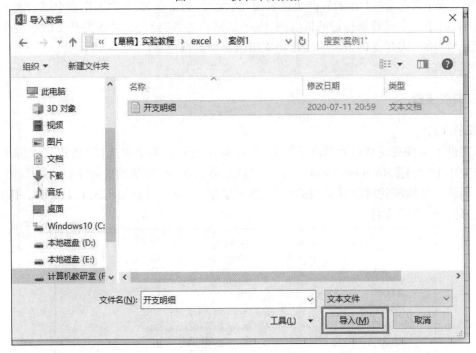

图 3.1.3　导入文本文件

②单击"导入"按钮,即可进入 Excel 2019 根据文本内容设置好的界面,如图 3.1.4 所示。此处可以设置读取文件的编码方式,列之间的分隔符,以及数据类型检测情况,确认无误后单击"加载"。数据在 A1 单元格开始显示,同时数据表还套用了表格样式,结果如图 3.1.5 所示。如果觉得这些设置依然有问题,可以单击"编辑"按钮,打开 Excel 2019 才加入的插件 Power Query 进行编辑处理,如图 3.1.6 所示。

注意

在文本导入时,如果预览区是乱码,要在文件原始格式位置设置编码方式;分隔符的选择要根据具体的文件内容选择,如果默认情况下可自动分列则不需要更改;每列的数据格式,软件会根据前 200 行数据进行分析设定,后期也可以借助单元格格式进行调整。

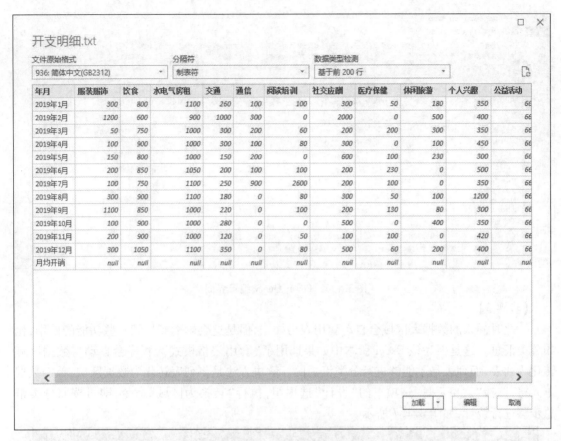

图 3.1.4 文本导入结果

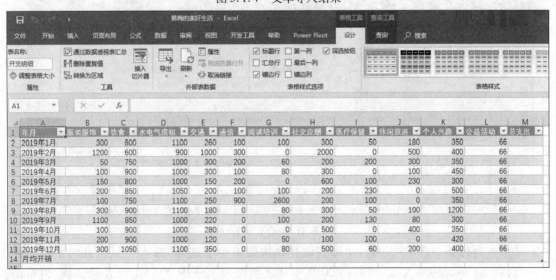

图 3.1.5 导入后的结果

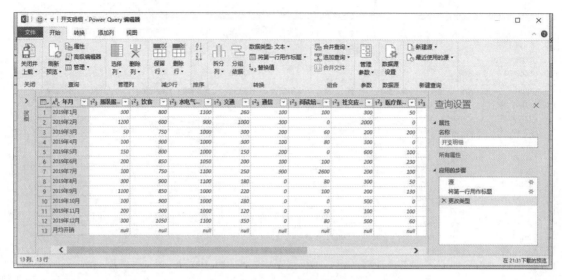

图 3.1.6　Power Query 编辑界面

【步骤3】

①此时插入的数据表区域会自动套用表格样式,但是这会影响到后续一些功能的使用,比如分类汇总。这是因为该 Excel 版本中如果选用了"套用表格模式",程序会自动将数据区域转化为列表,而列表是不能够进行分类汇总的。解决方法是将列表转化为数据区域:单击数据单元格,选择"表格工具"选项卡的"设计"选项组,执行"转换为区域"命令,即可按照分类汇总步骤进行统计,如图 3.1.7 所示。

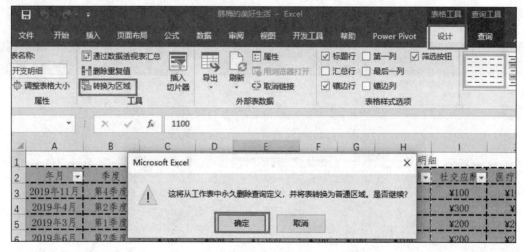

图 3.1.7　取消"自动套用表格样式"

②单击行标签 1 选定第一行,单击右键并在快捷菜单中选择"插入"选项,此时系统会插入一行,在 A1 单元格录入文字"韩梅 2019 年开支明细表",选中 A1:M1 单元格区域,再单击"开始"选项卡的"对齐方式"分组中的"合并后居中"选项,如图 3.1.8 所示。

③选择工作表的 A1:M15 区域,在"字号"下拉列表中选择"12",居中对齐。选择 1:15 行,在行号处单击右键,选择"行高",输入"18";选择"A:M"列,在列号处右击,选择"列宽",输入"11"。其中,修改字体和行高的步骤如图 3.1.9 所示。

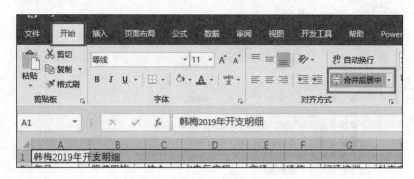

图 3.1.8　"合并后居中"操作

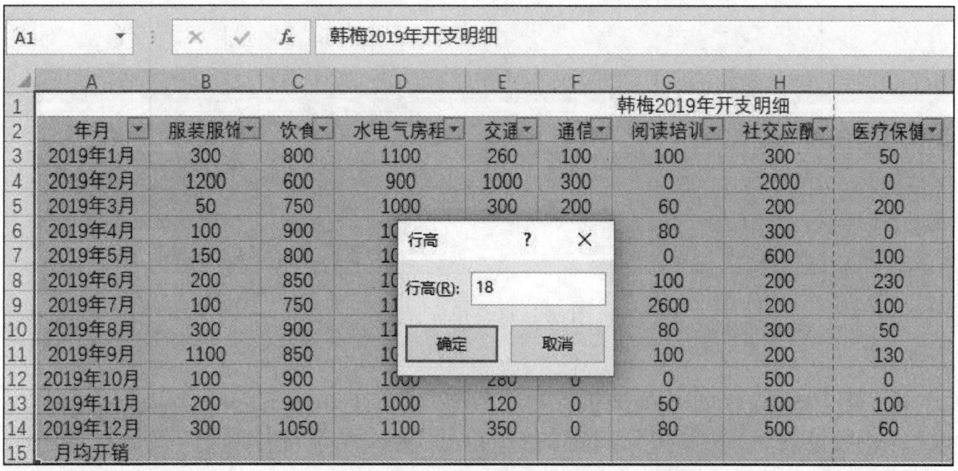

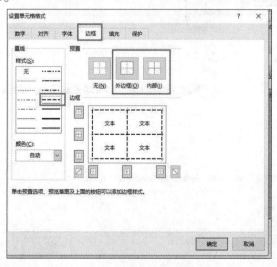

图 3.1.9　设置字体和行高

④选择 A2：M15 区域,单击右键并在弹出的快捷菜单中选择"设置单元格格式"。在弹出的对话框中选择"边框"选项卡,选择线条样式和颜色,最后单击"预置"中的"外边框"和"内部"按钮,如图 3.1.10 所示;再单击"填充"选项卡,选择一种浅色的颜色,以不遮挡文字内容为宜,如图 3.1.11 所示。

图 3.1.10　设置边框线

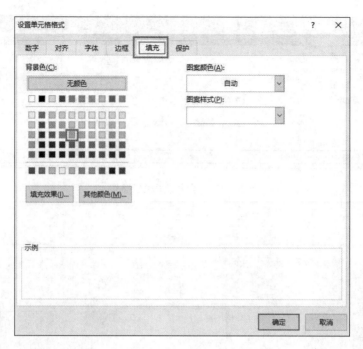

图 3.1.11 填充设置

【步骤 4】

选择 B3:M15 区域,在选定内容上右击并选择"设置单元格格式",在"数字"选项卡中选择"货币","小数位数"修改为"0",确定"货币符号"为人民币符号(默认就是),如图 3.1.12所示。

图 3.1.12 设置单元格格式——会计专用

【步骤5】

①选择 M3 单元格,单击"插入函数"按钮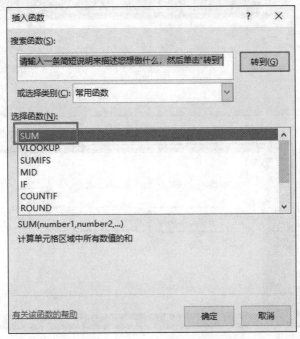,打开"插入函数"对话框,在常用函数里面选择 SUM,如图 3.1.13 所示。单击"确定"按钮进入 SUM 函数对话框,并在第一个参数中输入"B3:L3",如图 3.1.14 所示。拖动 M3 单元格的填充柄填充 M4 至 M15 单元格;选择 B15 单元格,输入"=AVERAGE(B3:B14)"后按回车键,拖动 B15 单元格的填充柄填充 C15 至 N15 单元格(可按照上述 SUM 函数的使用步骤完成平均值函数的应用)。

图 3.1.13　"插入函数"对话框

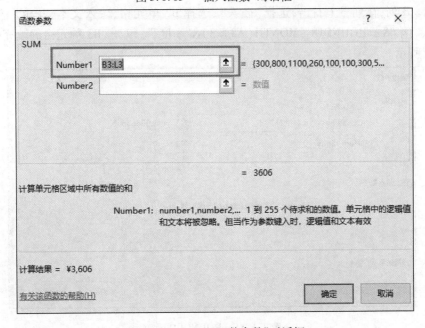

图 3.1.14　SUM"函数参数"对话框

注意

在进行函数的参数设置时,如果参数是单元格地址或者单元格地址区域,可以通过鼠标拖动选择来完成参数的填写。

②选中 A2:M14 区域,单击"数据"选项卡的"排序"功能,打开"自定义排序"对话框,在"主要关键字"中选择"总支出","次序"中选择"升序",单击"确定"按钮,如图 3.1.15 所示。

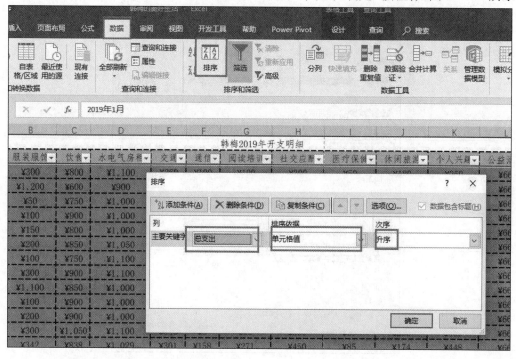

图 3.1.15 排序

③选择 B 列,在列号上右击,选择"插入";选择 B2 单元格,录入文本"季度";选择 B3 单元格,输入""第"& = ROUNDUP(MONTH(A3)/3)&"季度""。双击 B3 单元格的填充柄完成,如图 3.1.16 所示。

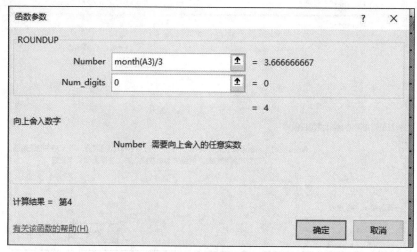

图 3.1.16 ROUNDUP 函数

说明

MONTH 函数是返回日期中月份数,类似的还有 YEAR 和 DAY。

ROUND 函数是四舍五入函数,ROUNDUP 函数是向上取整。

& 为连接符,如果连接内容为中文,需使用英文状态下的双引号。

【步骤6】

①选择 C3:M14 区域,执行"开始"选项卡"条件格式"列表中的"突出显示单元格规则"并选择"大于"选项,如图 3.1.17 所示,在弹出对话框的第一个文本框内输入"1000",使用"浅红填充色深红色文本"默认设置,单击"确定"按钮,如图 3.1.18 所示。

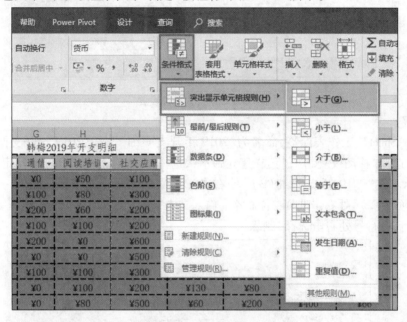

图 3.1.17　条件格式步骤

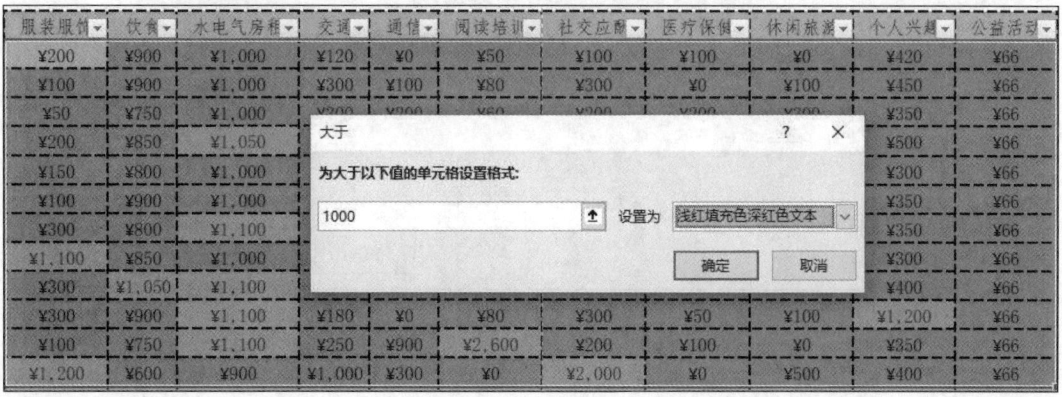

图 3.1.18　数值条件设置

②选择 N3:N14 区域,执行"开始"选项卡"条件格式"列表中的"突出显示单元格规则"并选择"大于"选项,在弹出对话框的第一个文本框内输入"=＄N＄15*110%",设置格式选择为"黄填充色深黄色文本",单击"确定"按钮,如图 3.1.19 所示。

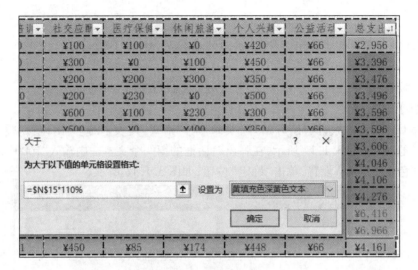

图 3.1.19　公式条件设置

【步骤 7】

①双击"Sheet2"工作表标签,命名为"2019 年开支明细"。在"2019 年开支明细"工作表标签处右击选择"移动或复制",勾选"建立副本",选择"(移至最后)",单击"确定"按钮,如图 3.1.20 所示。在"2019 开支明细(2)"处右击选择"工作表标签颜色",选择一种颜色;在"2019 开支明细(2)"处右击选择"重命名",输入文本"按季度汇总";选定"按季度汇总"工作表的第 15 行,在行号处右击选择"删除"。

图 3.1.20　移动或复制工作表

②光标定位于"按季度汇总"工作表的任意单元格,单击"开始"选项卡下"编辑"分组中"排序和筛选"—"自定义排序",将"主关键字"选择"季度",如图 3.1.21 所示。

③选择"按季度汇总"工作表的 A2:N14 区域,执行"数据"选项卡下的"分类汇总"选项,在"分类字段"中选择"季度"、在"汇总方式"中选择"平均值",在"选定汇总项中"除"年月""季度""总支出"三项外,其余全选,如图 3.1.22 所示。单击"确定"按钮后的效果如图 3.1.23 所示。

图 3.1.21 "季度"排序

图 3.1.22 分类汇总步骤

图 3.1.23 分类汇总效果

注意

在 Excel 中,分类汇总需借助排序完成分类。也就是说,在使用分类汇总前,必须用"分类汇总"对话框中所选择的"分类字段"内容进行排序操作。

【步骤8】

①单击"按季度汇总"工作表右边的"插入工作表"图标,插入一个名为"Sheet2"的工作表,鼠标右击重命名为"折线图"。

②在按季度汇总工作表中,单击行号左侧上方的数字 2,然后选中如图 3.1.24 所示的区域 B2:M18。接着依次单击"插入"→"图表"→"折线图"→"带数据标记的折线图",如图 3.1.25所示。

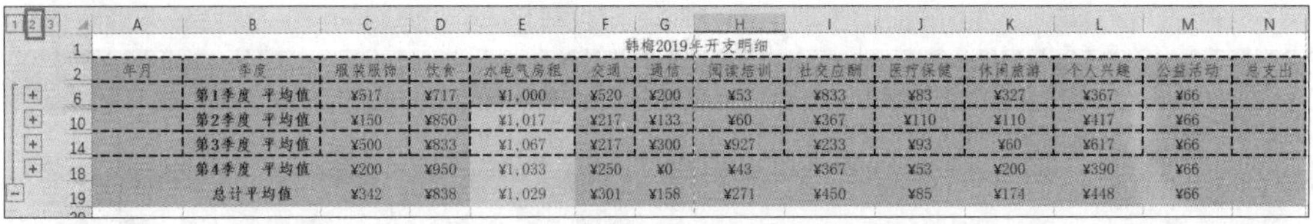

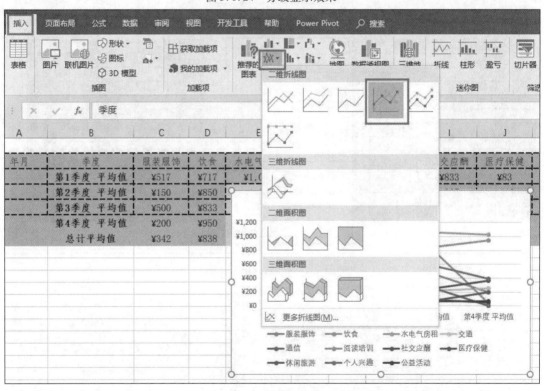

图 3.1.24　分级显示效果

图 3.1.25　插入图表

③选中插入的折线图,如图 3.1.26 所示。右击剪切,在"折线图"工作表的 A1 单元格中粘贴。

【步骤9】

保存文件。

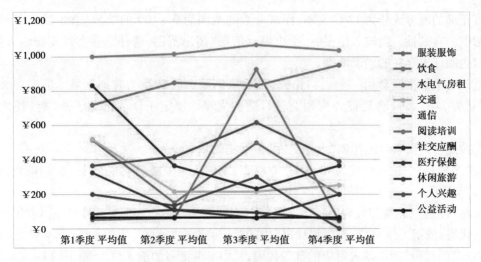

图 3.1.26　季度数据折线图

案例 2　制作公务员考试成绩表

国家公务员考试时间为每年 11 月第 4 个星期日,考试内容为行政职业能力测验、申论,采用闭卷笔试方式。假设你是一名人事部统计员,现由你来完成某次公务员考试成绩数据的整理和统计工作。

一、实验目的

①熟练掌握文件的"另存为"功能。
②熟练掌握工作表的基本操作。
③掌握特殊单元格格式设置的操作。
④掌握文件中输入的方式。
⑤掌握 Excel 文件打印设置。

二、实验内容

①将工作簿文档"Excel 2019 素材.xlsx"另存为"公务员成绩处理.xlsx"(.xlsx 为扩展名)。

②将"行政区划代码对照表.xlsx"工作簿中的工作表"Sheet1"复制到"公务员成绩处理.xlsx"工作簿"名单"工作表左侧,并重命名为"行政区划代码",工作表标签颜色为标准紫色;用图片"map.jpg"作为该工作表的背景,不显示网格线。

③修改单元格样式"标题 1",令其格式变为"微软雅黑"、14 磅、不加粗、跨列居中,其他保持默认效果。为第一行标题"标题 1"应用更改后的单元格样式,在"性别"和"部门代码"插入一个空列,列标题为"地区"。

④将笔试分数、面试分数、总成绩 3 列数据设置为形如"123.320 分"这种能够正确参与预算的数值类数字格式。

⑤正确的准考证号为 12 位文本,面试分数的范围为 0~100 的整数(含本数),试检测这两列数据的有效性。当输入错误时,给出提示信息"超出范围,请仔细核实后重新输入!",以标准红色圈标出存在的错误数据。

⑥为整个数据区套用一个表格格式,最后取消筛选并转换为普通区域。适当加大行高(如设置为 14),并自动调整各列列宽至合适的大小。锁定工作表的第 1~3 行,使之始终可见。

⑦按照下列要求对工作表"名单"中的数据完成基本输入:

在"序号"列中输入格式为"00001""00002""00003"…的顺序号;在"性别"列的空白单元格输入"男"。

⑧在"性别"和"部门代码"插入一个空列,列标题为"地区",准考证号自左向右第 5、6 位为地区代码,依据工作表"行政区划代码"中的对应关系在"地区"列中输入地区名称。

在"部门代码"列中填入对应的部门代码,其中准考证号的前 3 位为部门代码。

⑨准考证号的第 4 位代表考试类别,按照下列计分规则计算每个人的总成绩:

准考证号的第 4 位	考试类别	计分方法
"1"	A 类	笔试面试各占 50%
"2"	B 类	笔试占 60%、面试占 40%

⑩横向打印,打印时每一张内容的上方必须有文件的前三行内容,且所有列必须显示出来。

三、实验步骤

【步骤 1】

在文件夹"案例 2"打开工作簿文档"Excel 2019 素材.xlsx",然后执行"文件"选项卡中的"另存为"命令,打开"另存为"对话框。在文件名文本框中将文件名修改为"公务员成绩处理.xlsx",单击"保存"按钮,如图 3.2.1 和图 3.2.2 所示。

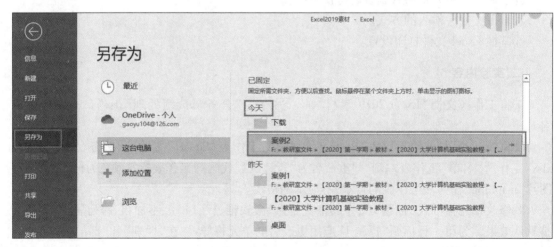

图 3.2.1 "另存为"设置

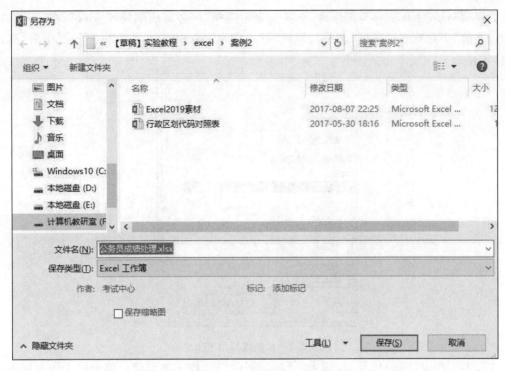

图 3.2.2　"另存为"对话框

【步骤 2】

①在"案例 2"文件夹打开工作簿文档"行政区划代码对照表. xlsx",选择"Sheet1"工作表,然后单击鼠标右键,在弹出的快捷菜单中选择"移动或复制"命令,打开"移动或复制工作表"对话框,如图 3.2.3 所示。

图 3.2.3　移动或复制列表

②在"将选定工作表移至工作簿"下拉列表中选择"公务员成绩处理.xlsx",在"下列选定工作表之前"下拉列表中选择"名单",勾选"建立副本"复选框,如图 3.2.4 所示,单击"确定"按钮。

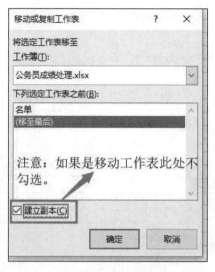

图 3.2.4　移动或复制工作表

③双击工作表"Sheet1"标签,输入"行政区划代码",按下回车键。单击该工作表标签,在弹出的快捷菜单中选择"工作表标签颜色"命令,在其下级菜单中选择标准色中的"红色",如图 3.2.5 所示。

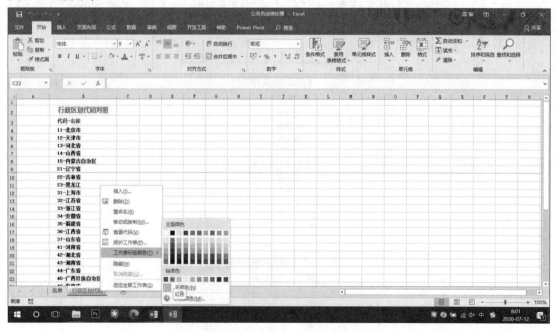

图 3.2.5　工作表标签颜色

④选中"行政区划代码"工作表的 A1 单元格。单击"页面布局"分组中"页面设置"分组中的"背景"按钮,打开"插入图片"对话框。单击"浏览"按钮,在考生文件夹中选中 map. jpg

这张图片,单击"插入"按钮,如图 3.2.6 所示。

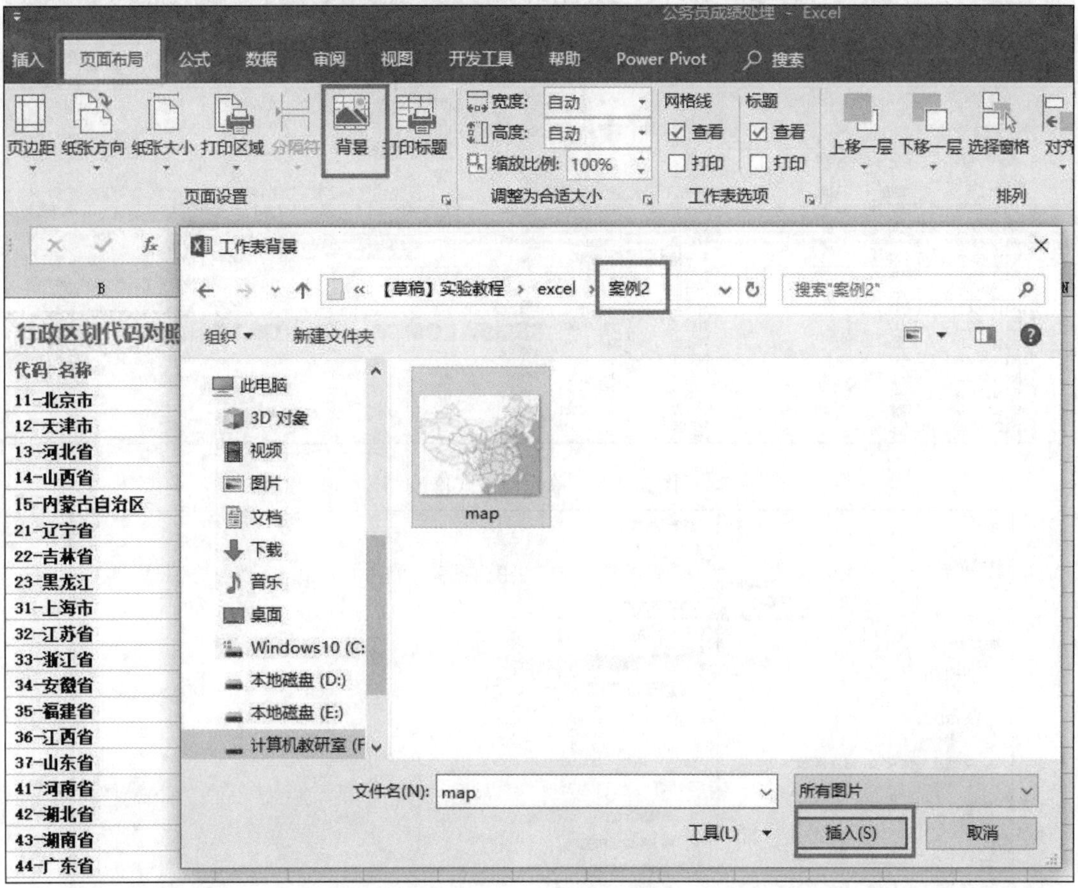

图 3.2.6　背景设置

⑤在"页面布局"选项卡"工作表选项"分组中,取消选中的"网格线"中的"查看"复选框,如图 3.2.7 所示。

图 3.2.7　网格线设置

【步骤 3】

①选中"名单"工作表,在"开始"选项卡的"样式"分组中单击"单元格样式"下方的箭头,在列表中的"标题 1"样式上单击鼠标右键,在弹出的快捷菜单中选择"修改"命令,弹出"样式"对话框,如图 3.2.8 所示。

②单击对话框中的"格式"按钮,在弹出的"设置单元格格式"对话框中单击"对齐"选项卡,将"文本对齐方式"中的"水平对齐"设置为"跨列居中",如图 3.2.9 所示。

图 3.2.8　单元格格式修改

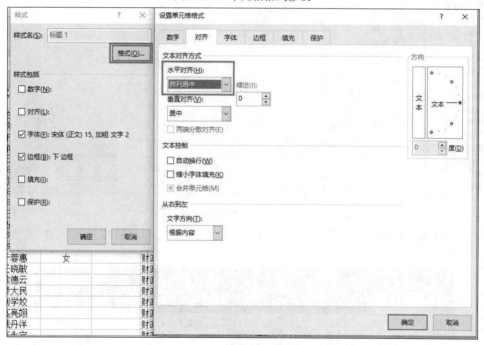

图 3.2.9　修改对齐样式

③单击"字体"选项卡,设置字体为"微软雅黑",字形为常规、不加粗,字体大小为 14 磅,如图 3.2.10 所示,连续两次单击"确定"按钮。

④选中 A1:K1 单元格区域,单击选中"开始"选项卡"样式"分组"单元格样式"中的"标题1"。

⑤选中 E 列,单击鼠标右键,在弹出的快捷菜单中选择"插入"命令,即在"性别"和"部门代码"之间插入一个空列,如图 3.2.11 所示,在 E3 单元格中输入"地区"。

图 3.2.10　修改字体样式

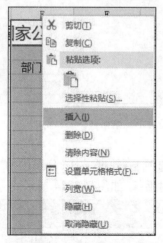

图 3.2.11　插入列

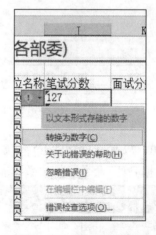

图 3.2.12　转换为数字

【步骤 4】

①选中 J4:J1777 单元格区域,单击 J4 单元格左侧的黄色感叹号,在打开的下拉列表中单击"转换为数字"命令,如图 3.2.12 所示。

注意

在 Excel 中,选中一个连续的区域有多种方法:①利用鼠标拖动选取,但不适合行数和列数太多的区域;②利用名称框,输入其位置(如 J4:J1777),按回车键;③先选中起始单元格,然后在名称框中输入结束单元格地址,同时按下"Shift + Enter"快捷键。

②选中 J4:L1777 单元格区域,单击"开始"选项卡"数字"分组中的对话框启动器按钮,打开"设置单元格格式"对话框。在"数字"选项卡的"分类"中选择"自定义",在"类型"中选择输入"0.000 分",单击"确定"按钮,如图 3.2.13 所示。

图 3.2.13　自定义设置单元格格式

【步骤 5】

①选中 B4:B1777 单元格区域,单击"数据"选项卡"数据工具"分组中的"数据验证"向下的箭头,选择"数据验证"命令,弹出"数据验证"对话框,如图 3.2.14 所示。

图 3.2.14　数据验证

②在"设置"选项卡"有效性条件"分组中的"允许"下拉列表框中选择"文本长度",在"最小值""最大值"框中都输入 12,如图 3.2.15 所示。单击"出错警告"选项卡,在"样式"下拉列表中选择"信息",在"错误信息"文本框中输入"超出范围,请仔细核实后重新输入!!!",如图 3.2.16 所示,单击"确定"按钮。

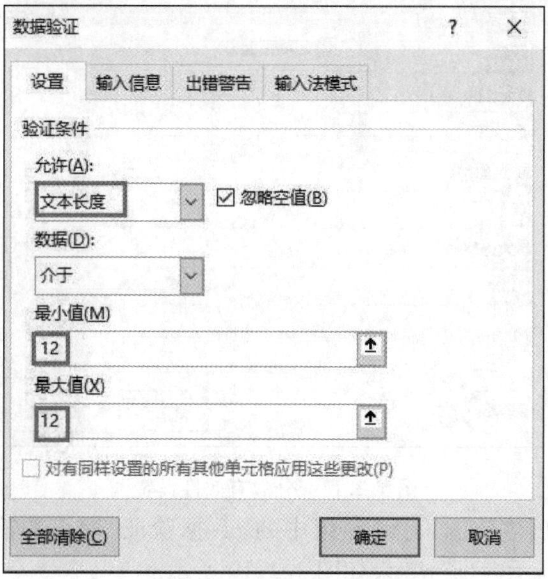

图 3.2.15　文本长度设置

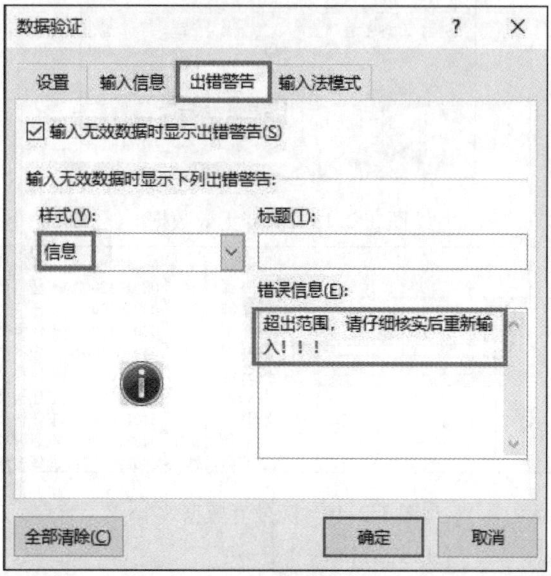

图 3.2.16　出错警告设置

③参照上述步骤,选中 K4:K1777 单元格区域,单击"数据"选项卡"数据工具"分组中的"数据验证"向下的箭头,选择"数据验证"命令,弹出"数据验证"对话框,在"设置"选项卡"有效性条件"分组中的"允许"下拉列表框中选择"整数",在"最小值"框中输入"0","最大值"框中输入"100",如图 3.2.17 所示。单击"出错警告"选项卡,在"样式"下拉列表中选择"信息",在"错误信息"文本框中输入"超出范围,请仔细核实后重新输入!",单击"确定"按钮。

图 3.2.17　分数有效性设置

④单击"数据"选项卡"数据工具"分组中的"数据验证"向下的箭头,选择"圈释无效数据"命令,如图 3.2.18 所示。部分效果如图 3.2.19 所示。

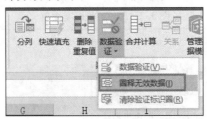

图 3.2.18　圈释无效数据

115170070715	石飞		财政部	0401002001	主任科员及以	148.500分	35.000分
115170090325	裴木		财政部	0801013003	主任科员及以	147.000分	-37.000分
115170091919	李安		财政部	0401010001	主任科员及以	142.500分	72.000分
115170110409	李静		财政部	0401012001	主任科员及以	132.250分	48.000分
115111402222	李英	女	财政部	0401005001	主任科员及以	133.500分	36.000分
115132325527	王海		财政部	0401008001	主任科员及以	126.750分	51.000分
1151440241082	赵威华		财政部	0401003001	主任科员及以	121.250分	91.000分
1151370608 17	刘博宝	女	财政部	0401008001	主任科员及以	124.250分	53.000分
10811158248	信静飞		工业和信息化	0401101001	机要督办处主	122.500分	55.000分
108111050128	刘冉余	女	工业和信息化	0401203001	通信发展处主	139.000分	62.000分

图 3.2.19　无效性数据效果

【步骤 6】

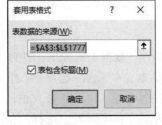

图 3.2.20　套用表格式

①选中 A3:L1777 数据区域,单击"开始"选项卡"样式"分组中的"套用表格式"向下的箭头,在其中选择一种样式(例如:表样式浅色样式 9),在弹出的"套用表格样式"对话框中勾选"包含标题"复选框,如图 3.2.20 所示,再单击"确定"按钮。

②在选中整张表格的情况下,单击"开始"选项卡"编辑"分组"排序和筛选"下拉列表中的"筛选"按钮,取消筛选功能,如图

3.2.21 所示。这里为了后续步骤的进行,可以暂时不作处理。

图 3.2.21　取消筛选

③选中整张表格,单击"开始"选项卡"单元格"分组中的"格式"下拉箭头,在其列表中选择"行高",弹出"行高"对话框,输入行高比原行高值大些的值(例如:14),如图 3.2.22 和图 3.2.23 所示,单击"确定"按钮。

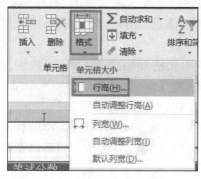

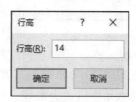

图 3.2.22　设置行高(1)　　　　　图 3.2.23　设置行高(2)

④选中整张表格,单击"开始"选项卡"单元格"分组中的"格式"下拉箭头,在其列表中选择"自动调整列宽"命令,如图 3.2.24 所示。

⑤选中第 4 行,然后单击"视图"选项卡"窗口"分组中的"冻结窗格"下拉按钮,在下拉列表中单击"冻结窗格"命令,即可冻结。1~3 行,使其始终可见,如图 3.2.25 所示。

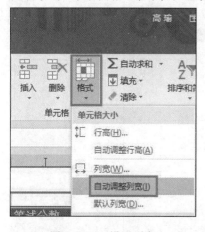

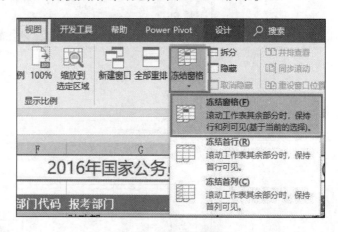

图 3.2.24　设置列宽　　　　　　　图 3.2.25　冻结窗格

【步骤 7】

①选中"名单"工作表的 A 列,单击鼠标右键,在弹出的快捷菜单中选择"设置单元格格式"命令,在"数字"选项卡的"分类"中选择"文本",单击"确定"按钮。

图 3.2.26　筛选设置

②选中 A4 单元格,在其中输入"00001",然后双击其后面的智能填充柄,完成序号的智能填充。

注意

在 Excel 中,数字转换成文本的方法,除了上述可以设置单元格格式外,还可以在输入数字之前先输入英文下的单引号,然后再输入数字。

③选中 D1 单元格,单击"筛选"按钮(D1 单元格中的倒三角按钮),然后只选中"空白"复选框并单击"确定"按钮,如图 3.2.26 所示。

④选中 D 列的空白区域,输入"男",然后按下"Ctrl +Enter"快捷键,即可全部写入。单击"数据"选项卡"排序和筛选"分组中的"筛选"按钮,取消筛选状态,如图 3.2.21所示。

⑤选中 F4 单元格,单击"插入函数"按钮,打开对话框,在搜索函数中输入"left",如图3.2.27所示。单击"转到"后,再单击"确定"按钮进入"函数参数"对话框的设置。让光标在"Text"框中闪烁,选中 B3 单元格,接着让光标在 Num_chars 框中闪烁,输入"3",如图 3.2.28 所示,最后单击"确定"按钮。如果单元格显示出来的是公式,请设置单元格格式为常规。

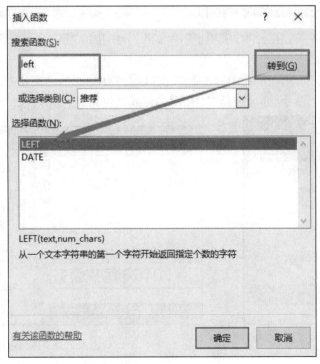

图 3.2.27　搜索 LEFT 函数

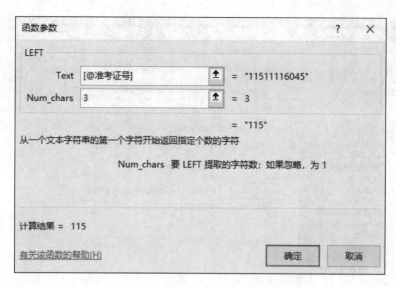

图 3.2.28　LEFT 函数参数

注意

在 Excel 中,从一个单元格的内容进行部分提取,经常会用到 MID 函数、LEFT 函数和 RIGHT 函数。

MID 函数有三个参数:第一个参数填写要提取的目标内容;第二个参数填写提取的开始位置;第三个参数填写提取的字符数。

LEFT 函数有两个参数:第一个参数与 MID 函数相同,因为该函数默认从左边第一个字符提取,所以相当于省略了 MID 函数的第二个参数;第二个参数填写要提取的字符数。

Right 函数与 LEFT 函数类似,只不过是从右边的第一个字符开始提取。

可根据要提取的内容选择合适的函数。

【步骤 8】

准考证号的第 5 位和第 6 位表示的是地区代码,可以利用 MID 函数提取,具体公式为:"MID([@准考证号],5,2)",其中第一个参数是由选中的 B4 单元格转换得来。而地区代码与对应的地区却在工作表"行政区划代码"中,结合 VLOOKUP 函数的特性,必须将"行政区划分代码"表中的"代码-名称"拆分出来。

①选中"行政区划代码"工作表的(B4:B38)单元格区域,在"数据"选项卡"数据工具"分组中单击"分列"工具,如图 3.2.29 所示。在打开的"文本分列向导-第 1 步,共 3 步"对话框中,在"原始数据类型"选项下选择"分隔符号",如图 3.2.30 所示,单击"下一步"按钮。在"文本分列向导-第 2 步,共 3 步"对话框中的"分隔符号"中选择"其他",在其后的文本框中输入"-",如图 3.2.31 所示,单击"下一步"到"第 3 步"。在"文本分列向导-第 2 步,共 3 步"对话框中把代码列的数据格式设置为文本,单击"完成"按钮,完成(B4:B38)单元格区域单元格的拆分,如图 3.2.32 所示。

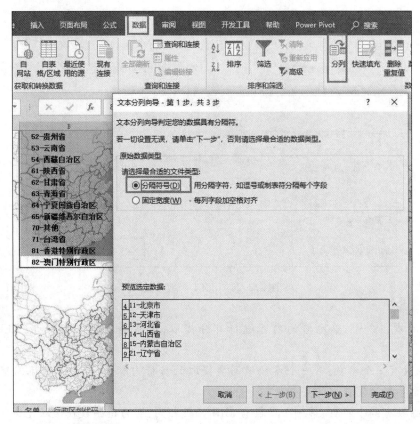

图 3.2.29　分列向导第 1 步

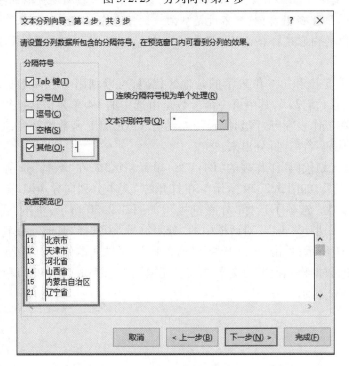

图 3.2.30　分列向导第 2 步

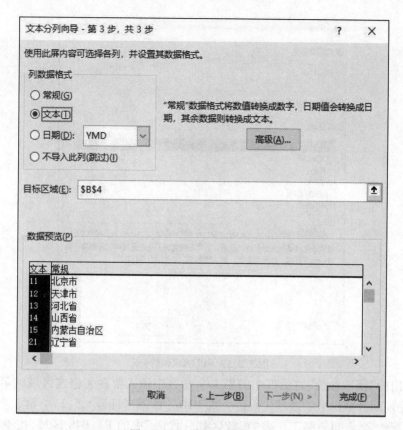

图 3.2.31 分列向导第 3 步

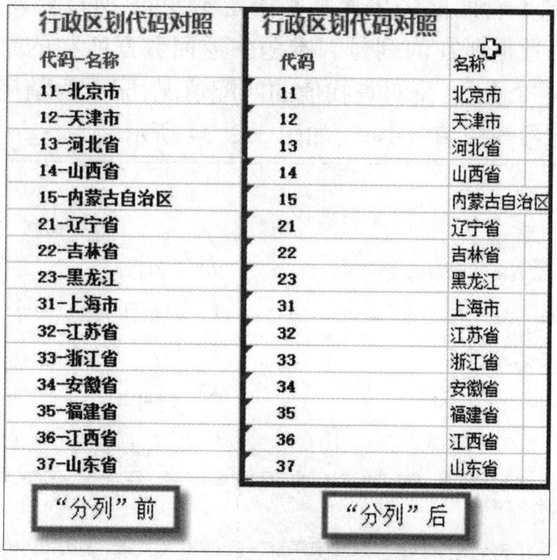

图 3.2.32 分列前后对比

②选中"名单"工作表的 E4 单元格,然后单击"插入函数"按钮,此时弹出"插入函数"对话框。在"选择函数"中选中"VLOOKUP"函数,如图 3.2.33 所示,然后单击"确定"按钮。

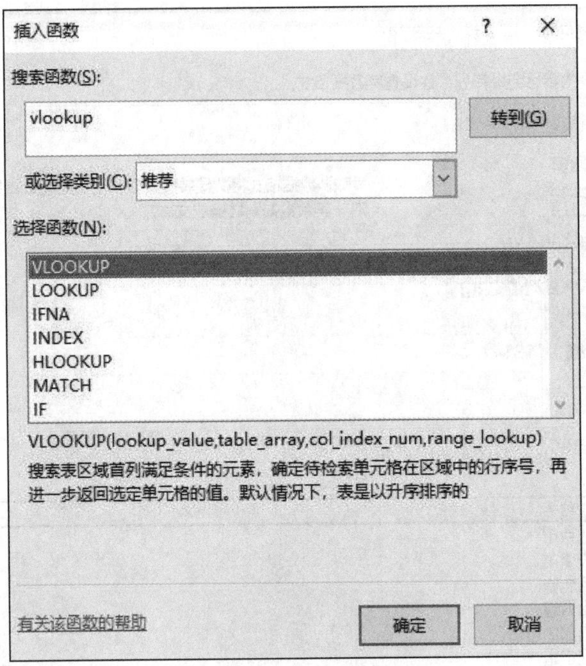

图 3.2.33　VLOOKUP 搜索

　　③在弹出的"函数参数"对话框中的第 1 个参数中输入要在表格或区域的第 1 列中搜索的值,也就是前面计算出来的区域代码值公式 MID([@准考证号],5,2)。第 2 个参数输入要进行固定匹配的区域,也就是工作表"行政区划分代码"中的 B3：B48 区域,按下"F4"键。因为涉及后续填充,此区域不管匹配多少次都是固定不变的,所以要使用绝对引用。第 3 个参数,要输入的是最终返回数据所在的列号。本题中返回数据所在的是 B 列,所以此处列号是"2",因此应填"2"。第 4 个参数,是对查找值的匹配情况,false 为精确查找,true 为近似查找。本题要求精确查找,因此参数应填"false",如图 3.2.34 所示。

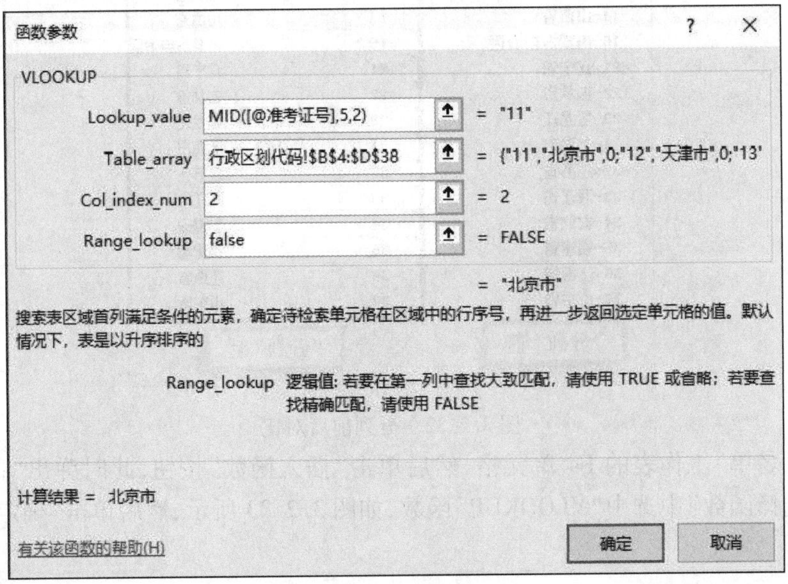

图 3.2.34　VLOOKUP 参数设置

注意

函数 VLOOKUP 语法规则,4 个参数。

VLOOKUP(lookup_value,table_array,col_index_num,range_lookup)

参　　数	简单说明	输入数据类型	备注
lookup_value	要查找的值	数值、引用或文本字符串	某个函数的结果
table_array	要查找的区域	数据表区域	绝对引用($)
col_index_num	返回数据在查找区域的第几列数	正整数	——
range_lookup	模糊匹配/精确匹配	TRUE(或不填)/FALSE	一般为精确匹配

必须保证要查找的值处在要查找区域的第一列。

【步骤9】

总成绩是根据笔试成绩和面试成绩来决定的,不同类型的考试,两者所占比例是不同的,可能出现如下情况:

"A 类"考试的总成绩为笔试和面试各占 50%,那么总成绩计算公式为:笔试成绩 * 50% + 面试成绩 * 50%,L4 单元格的总成绩为:J4 * 50% + K4 * 50%。由此可知"B 类"考试的总成绩为:J4 * 60% + K4 * 40%。我们先获取准考证的第 4 位数字"MID(B4,4,1)",然后通过 IF 函数判定属于哪类考试。再选中 L 4 单元格,打开 IF 函数参数对话框,第 1 个参数填入 MID([@准考证号],4,1) = "1";第 2 个参数填入[@笔试分数] * 0.5 + [@面试分数] * 0.5;第 3 个参数填入[@笔试分数] * 0.6 + [@面试分数] * 0.4,如图 3.2.35 所示。

说明

函数 IF 语法规则:

IF(logical_test,value_if_true,value_if_false)

参　　数	简单说明	备　　注
logical_test	计算结果为 TRUE 或 FALSE 的任意值或表达式	保证能得到 ture 或 false 的结果
value_if_true	logical_test 为 TRUE 时返回的值	具体值、表达式
value_if_false	logical_test 为 FALSE 时返回的值	具体值、表达式

图 3.2.35　IF 函数参数设置

注意

MID 函数提取出来的内容是文本型数据,所以等号右侧的 1 加上双引号也变成了文本型,如果不处理,结果将是错误的。第一个参数也可以这么填写:

$$INT(MID([@准考证号],4,1))=1$$

【步骤10】

①打开页面布局对话框,在"页面设置"组下面找到"打印标题",弹出对话框设置。选中工作表选项卡,在顶端标题行后选择前三行,单击"确定"按钮。打印时,可以在每一页都显示前三行的内容,如图 3.2.36 所示。

②单击"文件"选项卡中的"打印"命令,将纸张方向调整为横向,并将所有列调整为一页,如图 3.2.37 所示。

图 3.2.36　顶端标题行设置

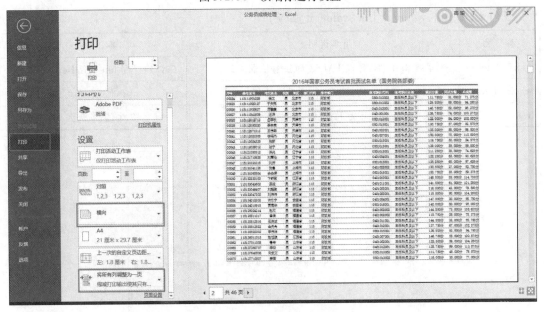

图 3.2.37　打印设置及预览

③按下"Ctrl + S"快捷键,保存后关闭文件。

案例 3　茶叶销售统计报告

一、实验目的

①熟练掌握数据填写的方式。

②熟练掌握数据有效性的设置。

③掌握自定义单元格格式的设置。

④熟悉数据透视表及数据透视图的创建。

⑤掌握高级筛选的操作。

⑥掌握页眉页脚的设置。

二、实验内容

①利用公式或函数分别完成 F2:F61 单元格区域的产品价格、H2:H61 单元格区域的销售额(百万元)及 B64 单元格的某日销售额统计情况。

②把 B2:B61 区域时间格式由"yyyy-mm-dd"修改为"yyyy/mm/dd";把 C2:C61 区域的编号修改为"A111-111"效果;F2:F61 区域应用会计专用格式,小数位数为 0;应用"橙色,强调文字颜色 2"填充颜色,并把 F1:H1 区域的内容完成形如

价格 (元/公斤)	销售量 (公斤)	销售额 (百万元)

的换行效果。

③让第一行内容始终可见;给 A1:H61 区域添加边框效果;把 H2:H61 区域大于一百万的数据所在单元格应用浅红填充色、深红色文本的格式;按照"东北、华北、西北、华东、华中、华南和西南"顺序给工作区域进行排序。

④在区域 A66:D74 中创建数据透视表,要求如下:

√ 按照地区汇总销售额;

√ 计算每个地区销售额占总销售额比例;

√ 添加计算字段"营销费用(百万元)",以提取销售额的 15% 作为营销费用;

√ 适当修改区域 A66:D66 中的标题,可参照本章最后的效果图;

√ 对区域 B67:B74 和区域 D67:D74 中的数据按照百万单位显示。

√ 对数据透视表应用"浅色 22"的数据透视表样式。

⑤在区域 E66:H74 中创建数据透视图,要求如下:

√ 图表类型为饼图;

√ 不显示图例和图表标题;

√ 隐藏图表上的所有字段按钮;

√ 添加数据标签,标签中包含各类别的名称和百分比,并将标签文本颜色设为白色。

⑥在区域 A76:H78 中设置条件区域,筛选条件为:2016 年 6 月 1 日之前销往华东地区的订单记录和 2016 年 8 月 1 日后销往华中地区的订单记录,筛选结果存放到区域 A80:H86,并隐藏 76 至 79 行。

⑦工作簿的主题设置为"销售统计",工作表的页眉添加文本"销售统计报告",页脚添加"页码 or 总页数"。

⑧进行页面设置,将页面缩放比例设置为正常尺寸的 90%;设置区域 A1:H86 为打印区域。

三、实验步骤

【步骤 1】

①打开"茶叶销售统计报告素材"Excel 文件,选择"销售统计报告"工作表,在 F2 单元格中应用 VlOOKUP 函数添加产品价格,如图 3.3.1 所示。产品价格信息可以在工作表"价目表"中查阅,双击 F2 单元格的填充柄填充至 F61 单元格内。

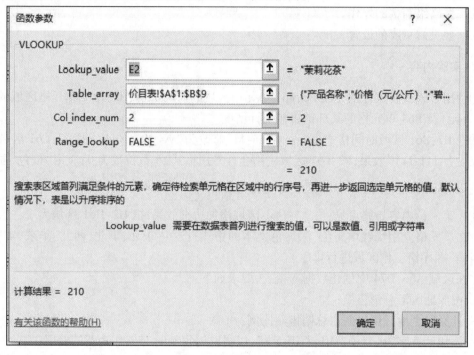

图 3.3.1　VLOOKUP 函数参数设置

②在单元格 H2 中计算每个订单的金额(等于价格乘以销售量),并以百万元为单位显示(见图 3.3.2),保留两位小数(见图 3.3.3)。双击 H2 单元格的填充柄填充数据至 H61 单元格内。

F	G	H
价格(元/千克)	销售量(千克)	销售额(百万元)
210	1933	=F2*G2/1000000

图 3.3.2　计算销售额

图 3.3.3　设置小数位数

③在单元格 A63 和 B63 分别输入日期和销售额统计，并应用"标题 4"的单元格样式，如图 3.3.4 所示。

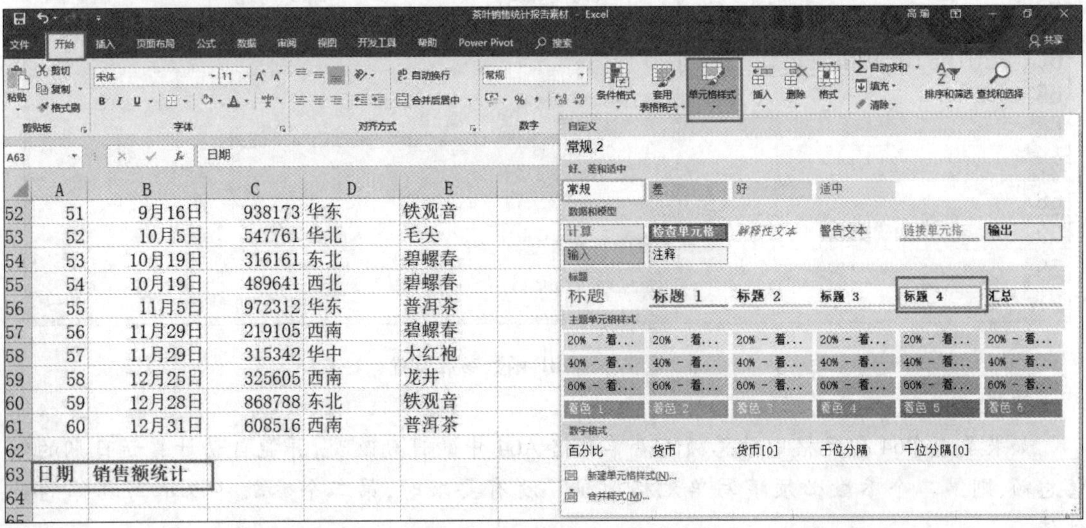

图 3.3.4　单元格的格式设置

④在单元格 A64 中输入日期"2016-10-19",选中该单元格并在"数据"选项卡中单击"数据有效性"选项打开相应的对话框,在"允许"中选择"日期"选项,开始日期填写"2016-1-1",结束日期填写"2016-12-31",如图 3.3.5 所示。在出错警告中,样式选择"信息",错误信息可自由填写,如图 3.3.6 所示,最后单击"确定"按钮。

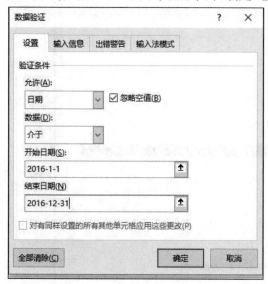

图 3.3.5　有效性条件设置　　　　　　　图 3.3.6　出错警告设置

⑤在单元格 B64 中应用 SUMIF 函数计算该日的总计销售额,如图 3.3.7 所示。然后把结果转换成单位元 f_x=SUMIF(B2:B61,A64,H2:H61)*1000000,最后再对结果应用货币格式,并保留零位小数。如果此时显示数据格式不正确,只需设置单元格格式为数值类型即可。

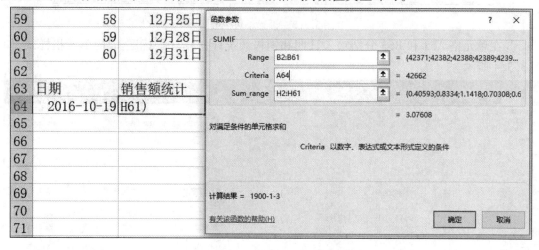

图 3.3.7　SUMIF 函数参数设置

注意

如果要求 B64 单元格中的总额随着单元格 A64 中的日期改变,并能自动计算新日期的销售总额,则第二个参数必须填写单元格地址。没有要求时,第二个参数可以填写具体的条件值。

说明

函数 SUMIF 语法规则：

SUMIF(range, criteria, sum_range)

参　数	简单说明	输入数据类型	备　注
range	条件区域	用于条件判断的单元格区域	—
criteria	求和条件	由数字、逻辑表达式等组成的判定条件	与第一个参数成对出现
sum_range	实际求和区域	需要求和的单元格、区域或引用	省略第三个参数时，则条件区域就是实际求和区域

【步骤2】

①选中 B2：B61 的区域，打开"设置单元格格式"对话框，利用"自定义"选项把"yyyy-m-d"格式修改为"yyyy/m/d"效果，如图 3.3.8 所示。

图3.3.8　时间自定义设置

②选中 C2：C61 的订单编号区域，打开"设置单元格格式"对话框，利用"自定义"选项选中 0，然后在类型处输入"A000-000"。确定后，订单编号会变成"A947-565"的效果，如图3.3.9所示。

图 3.3.9　数字自定义设置

③选中 F2:F61 区域,打开"设置单元格格式"对话框,对数据应用"会计专用"的单元格格式并保留零位小数,如图 3.3.10 所示。

图 3.3.10　会计专用

④对字段行 A1:H1 应用"橙色,个性化 2"填充颜色。双击 F1 单元格,让光标在内容"价格"后面闪烁,按下"Alt + Enter"快捷键完成强制换行。按照上述方法对 G1 和 H1 的内容完成换行。

注意

Alt + Enter,强制换行,也就是可以在任意内容的后面开启新的一行;自动换行,内容跟着列的宽度自动调整换行的位置。

【步骤 3】

①单击"视图"选项卡,在"窗口"组下找到"冻结窗格"选项,单击"冻结首行"完成对第一行的锁定,如图 3.3.11 所示。

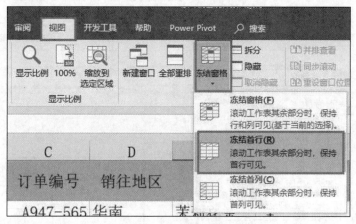

图 3.3.11　冻结窗格

②选中 A1:H61 区域,在开始选项卡的字体组中找到"边框"选项,应用所有框线功能,并使其中所有数据居中对齐,如图 3.3.12 所示。

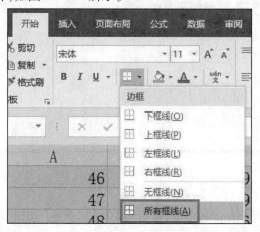

图 3.3.12　边框设置

③选中 H2:H61 区域,在"开始"选项卡"样式"组中使用"条件格式"功能把大于一百万的数据所在单元格应用浅红填充色、深红色文本的格式,如图 3.3.13 所示。

④任选 A1:H61 区域中的一个单元格,单击"数据"选项卡"排序和筛选"组中的"排序"选项,打开对话框。首先设置主关键字为"销往地区",然后在次序中选择"自定义序列",打开相

应对话框,在"输入序列"下依次输入"东北""华北""西北""华东""华中""华南"和"西南",最后连续两次单击"确定"按钮,如图 3.3.14 所示。

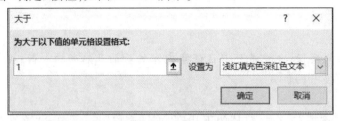

图 3.3.13　条件格式设置

图 3.3.14　自定义排序设置

【步骤 4】

①选中区域 A2:H61 中任一单元格,单击"插入"选项卡"表格"组中的"数据透视表"选项,如图 3.3.15 所示。

②系统弹出的"创建数据透视表"对话框,在现有工作表的位置文本框中选择 A66 单元格,如图 3.3.16 所示,之后会出现如图 3.3.17 所示的效果。

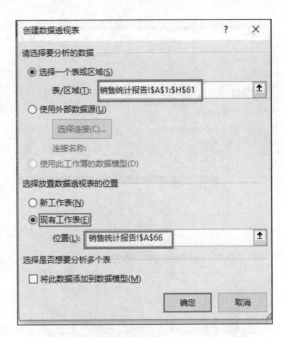

图 3.3.15　创建数据透视表　　　　　　　　图 3.3.16　数据透视表位置选择

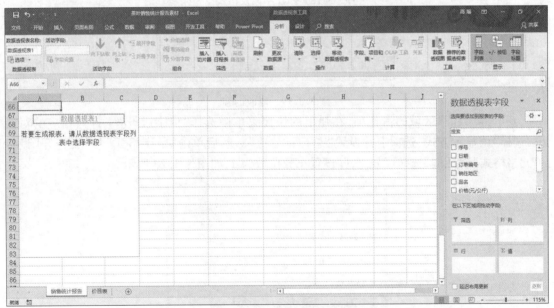

图 3.3.17　数据透视表基本效果

③在窗口右侧的"数据透视表字段列表"中,首先把销往地区字段移动到下方的行标签内,然后再把销售额(百万元)字段移动到"数值"区域。单击该选项,在弹出的快捷菜单中选择"值字段设置",打开相应的对话框;然后单击"数字格式"按钮,继续打开"设置单元格格式"对话框,设置数值类型,小数位数设置为 2,如图 3.3.18 所示。

④单击 B66 单元格,在地址框中修改名字为:销售额(百万元),如图 3.3.19 所示。

⑤再次把窗口右侧的"数据透视表字段列表"中销售额(百万元)字段移动到"数值"区域,然后按照④中的步骤修改 C66 单元格内容为"占比"。

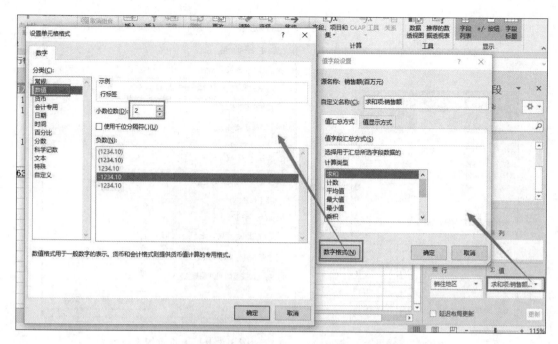

图 3.3.18 添加字段及格式设置

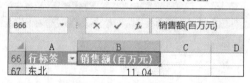

图 3.3.19 修改内容

⑥单击"数值"区域的占比项,在弹出的快捷菜单中选择"值字段设置"打开相应的对话框,选择"值显示方式"选项卡并设置"总计百分比"。然后单击"数字格式"按钮,打开"设置单元格格式"对话框,选择百分比,并设置小数位数为2,如图3.3.20所示。

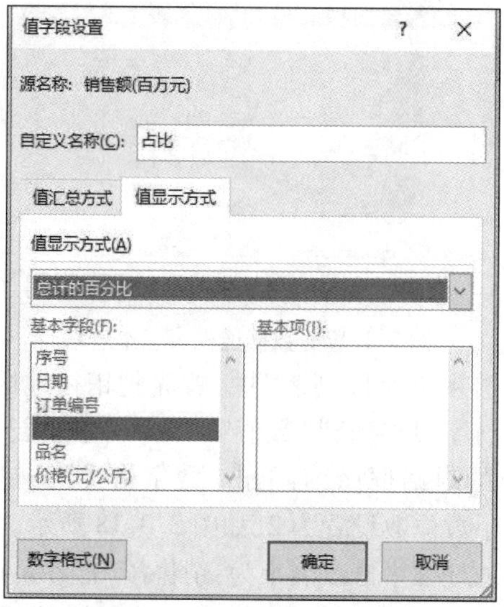

图 3.3.20 占比设置

⑦单击"数据透视表工具"下的"选项"选项卡,单击"计算"组中的"字段、项目和集"功能项,如图 3.3.21 所示。系统弹出"插入计算字段"对话框,首先在名称后输入:营销费用(百万元),处理公式的选项时,首先删除原有的数字 0,保留等号,然后在下方的字段中找到"销售额(百万元)"。单击"插入字段"按钮,因为该单元格内有换行符,所以显示不全,插入字段后,直接着在公式的后面输入"∗0.15",如图 3.3.22 所示,最后单击"确定"按钮。

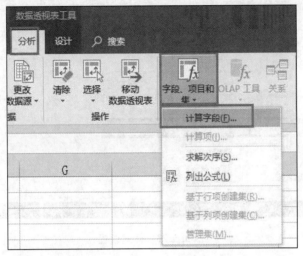

图 3.3.21　计算字段

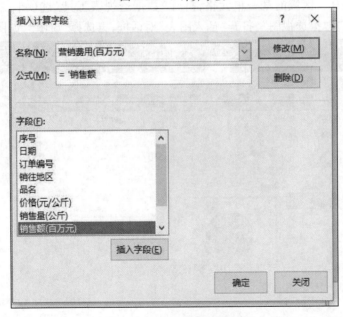

图 3.3.22　营销费用列设置

⑧任选 A66:D74 区域的某一单元格,打开"数据透视表工具"选项卡,在其"设计"选项卡下的"数据透视表样式"组中选择样式"数据透视表样式浅色 13"来修饰创建的数据透视表区域,如图 3.3.23 所示。

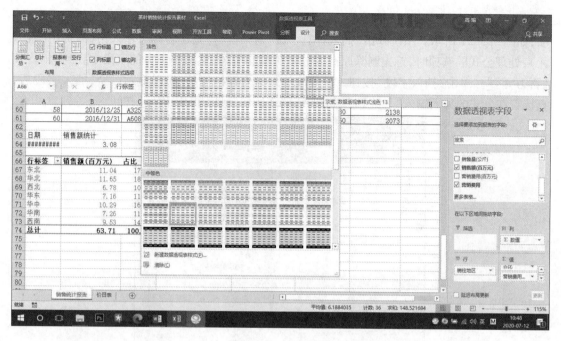

图 3.3.23　样式设置

【步骤5】

①任选 A66:D74 区域的某一单元格,打开"数据透视表工具"选项卡,在其"选项"卡下"工具"组中选择"数据透视图",打开"插入图表"对话框,再选择"饼图",如图 3.3.24 所示。

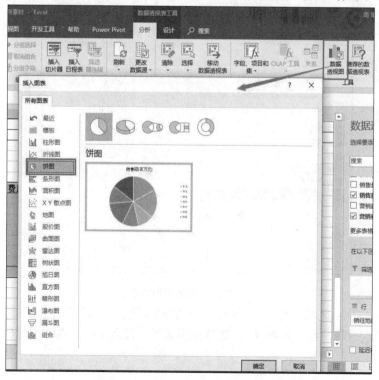

图 3.3.24　插入数据透视图

②单击"数据透视图工具"下"分析"选项卡中的"字段按钮"功能项,选择"全部隐藏",如图 3.3.25 所示。对比效果如图 3.3.26 所示。

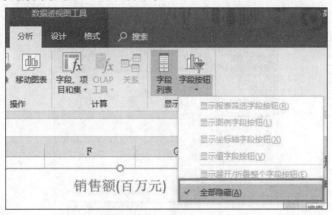

图 3.3.25　隐藏字段

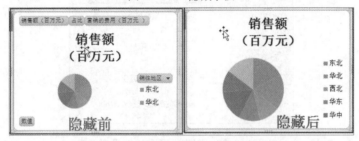

图 3.3.26　图表前后对比

③单击"数据透视图工具"下"设计"选项卡"图表布局"组中的"快速布局"中的"布局 1"效果,其他默认,如图 3.3.27 所示。

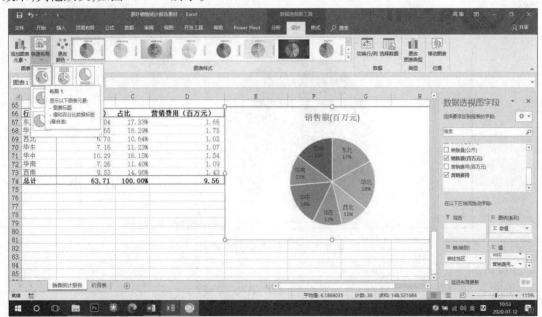

图 3.3.27　图表布局设置

④单击"数据透视图工具"下"布局"选项卡"图表布局"组中的"添加图表元素"中的"数据标签"功能,选择"数据标签内";然后选择同组下的"图表标题"功能,选择"无"。单击数据透视图中的文字并把其字体颜色修改为白色,如图 3.3.28 所示。

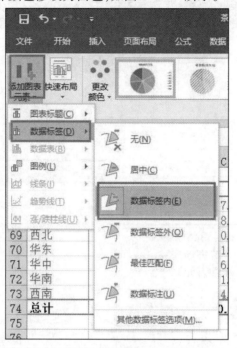

图 3.3.28　图表标题和标签设置

⑤单击数据透视图中的文字,把其字体颜色修改为白色。然后调整 E 列到 H 列的宽度及 66 至 74 行的行高,使创建的数据透视图比较合适地显示在 E66:H74 区域内,如图 3.3.29 所示。

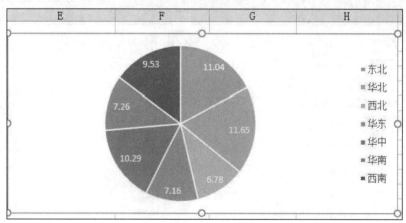

图 3.3.29　数据透视图效果

【步骤6】

①选中 A1:H1 区域并复制,然后粘贴到 A76:H76 区域。

分别在 B77 和 B78 单元格内填写"<2016/6/1""">2016/8/1",然后在 D77 和 D78 单元格中填写"华东""华中",如图 3.3.30 所示。

76	序号	日期	订单编号	销往地区	品名	价格 (元/公斤)	销售量 (公斤)	销售额 (百万元)
77		<2016/6/1		华东				
78		>2016/8/1		华中				

图 3.3.30　高级筛选条件设置

②任选 A2：H61 区域的一个单元格，单击"数据"选项卡下"排序和筛选"组中的"高级"选项，打开高级筛选对话框。在"方式"下选择第二个选项，列表区域保持默认，条件区域选择 A76：H78；复制到 A80 单元格，如图 3.3.31 所示，单击"确定"按钮后的效果如图 3.3.32 所示。

图 3.3.31　高级筛选设置

	A	B	C	D	E	F	G	H
79								
80	序号	日期	订单编号	销往地区	品名	价格 (元/公斤)	销售量 (公斤)	销售额 (百万元)
81	4	2016/1/20	A992-445	华东	碧螺春	¥　420	1674	0.70
82	25	2016/4/16	A621-577	华东	大红袍	¥　360	2868	1.03
83	28	2016/5/9	A883-535	华东	碧螺春	¥　420	1698	0.71
84	30	2016/5/11	A237-296	华东	大红袍	¥　360	4015	1.45
85	48	2016/8/29	A636-517	华中	铁观音	¥　490	3550	1.74
86	57	2016/11/29	A315-342	华中	大红袍	¥　360	2286	0.82

图 3.3.32　高级筛选结果

③选择第 76 到 78 行，单击鼠标右键，在弹出的快捷菜单中选择"隐藏"功能。

【步骤 7】

①单击"文件"选项卡，在窗口的右侧单击"属性"，选择"高级属性"，如图 3.3.33 所示；然后在弹出的对话框中选择"摘要"选项卡，接着在主题后填写"摘要统计"，如图 3.3.34 所示；最后单击"确定"按钮。

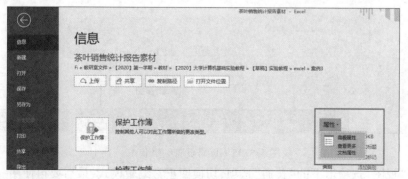

图 3.3.33　Excel 文件高级属性

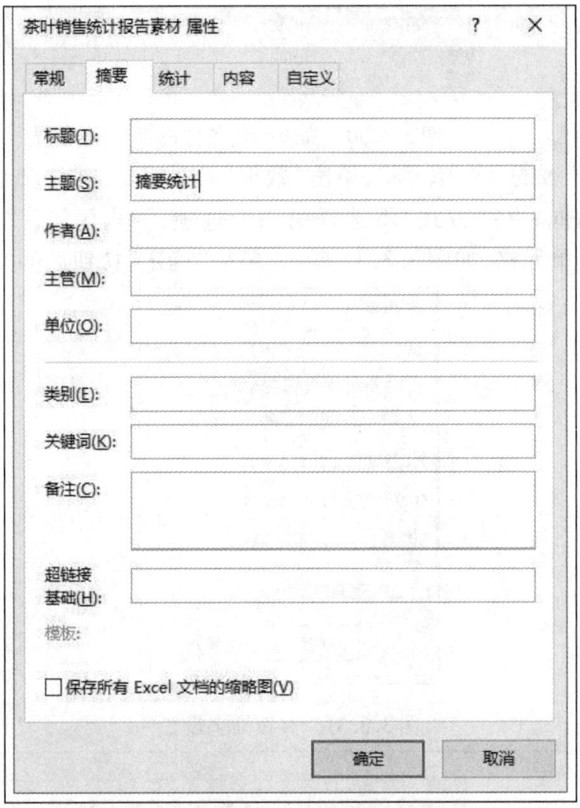

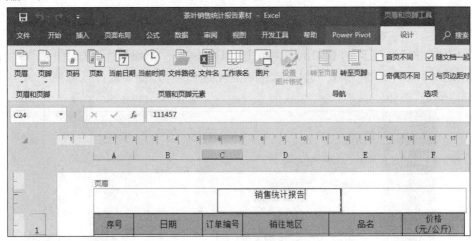

图 3.3.34　Excel 文件主题设置

②在"视图"选项卡切换视图为"页面布局"视图,进入页眉页脚编辑状态,并单击页眉和页脚工具选项卡,如图 3.3.35 所示。页眉区直接填写:销售统计报告。填写页脚时,首先找到"页眉页脚工具"的"设计"选项卡,先单击"页码"功能,然后输入"OF",接着单击"页数",最后完成输入。

图 3.3.35　页眉页脚编辑状态

③单击"视图"选项卡下的"普通"选项,切换回正常编辑模式,最后要再使用一次"冻结首行"功能。

注意

当进入页眉、页脚编辑状态时,如果普通视图下面使用了冻结窗格功能,则该功能需要被取消后才能进入编辑状态。因此,当设置页眉页脚完成后,切回普通视图时必须再次使用冻结窗格功能。

【步骤 8】

①打开"页面布局"选项卡下的"页面设置"对话框,首先选中"工作表"选项卡,设置打印区域为 A1:H86;然后选中"页面"选项卡,在缩放比例处设置为 90%,如图 3.3.36 所示。

（a）

（b）

图 3.3.36　打印设置

②文件第二页的最终效果如图 3.3.37 所示,按"Ctrl + S"快捷键保存文件。

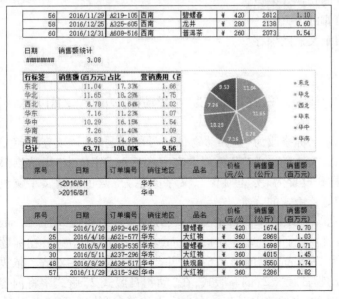

图 3.3.37　效果图

第 **4** 章

PowerPoint 2019 演示文稿操作

PowerPoint 2019 是 Office 2019 办公软件中的主要组件之一,主要用于演示文稿的制作,在演讲、教学、产品演示、工作汇报等方面有着广泛的应用。

案例 1　制作世界动物日演示文稿

一、实验目的

①掌握演示文稿的创建方法。
②掌握幻灯片母版的操作方法。
③熟练掌握幻灯片上添加的不同内容形式。
④掌握幻灯片的切换效果设置。
⑤了解页眉页脚的设置。
⑥熟练掌握演示文稿的保存。

二、实验内容

①新建一个空白演示文稿,将其命名为"世界动物日. pptx",幻灯片大小设置为"全屏显示(16∶9)"。

②将幻灯片母版名称修改为"世界动物日",母版标题应用"填充-白色,轮廓-强调文字颜色 1"的艺术字样式,文本轮廓为"蓝色强调文字颜色 1,"字体为"微软雅黑",并应用加粗效果;母版各级文本样式设置为"方正姚体",文字颜色为"蓝色强调文字颜色 1"。使用"图片1. png"作为标题幻灯片版式的背景。

③新建名为"动物日版式 1"的自定义版式,在该版式中插入"图片 2. png",并对齐幻灯片左侧边缘;将标题占位符的宽度调整为 17. 6 cm,将其置于图片右侧;在标题占位符下方插入内容占位符,宽度为 17. 6 cm,高度为 9. 5 cm,并与标题占位符左对齐。依据"世界动物日 1"的版式创建名为"动物日版式 2"的新版式,在"动物日版式 2"版式中将内容占位符的宽度调整为 10 cm(保持与标题占位符左对齐);在内容占位符右侧插入宽度为 7. 2 cm、高度为9. 5 cm的图片占位符,并与左侧的内容占位符顶端对齐,与上方的标题占位符右对齐。删除"标题幻

灯片""动物日版式 1"和"动物日版式 2"之外的其他幻灯片版式。

④演示文稿共包含 7 张幻灯片,所涉及的文字内容保存在"文字素材.docx"文档中,具体所对应的幻灯片可参见"完成效果.docx"文档所示样例。其中,第 1 张幻灯片的版式为"标题幻灯片",第 2 张幻灯片、第 4 到第 7 张幻灯片的版式为"动物日版式 1",第 3 张幻灯片的版式为"动物日版式 2"。所有幻灯片中的文字字体保持与母版中的设置一致。将演示文稿中的所有文本"法兰西斯"替换为"方济各"。

⑤将第 2 张幻灯片中的项目符号列表转换为 SmartArt 图形,布局为"垂直曲形列表",图形中的字体为"方正姚体";为 SmartArt 图形中包含文字内容的 5 个形状分别建立超链接,链接到后面对应内容的幻灯片。

⑥在第 3 张幻灯片右侧的图片占位符处插入"图片 3.jpg";对左侧的文字内容和右侧的图片添加"淡出"进入动画效果,并设置为放映时左侧文字内容首先自动出现,在该动画播放完毕且延迟 1 s 后,右侧图片再自动出现。

⑦将第 4 张幻灯片中的文字转换为 8 行 2 列的表格,适当调整表格的行高、列宽以及表格样式;设置文字字体为"方正姚体",字体颜色为"白色,背景 1",并应用图片"表格背景.jpg"作为背景。

⑧在第 8 张幻灯片的内容占位符中插入视频"动物相册.wmv",并使用图片"图片 1.png"作为视频剪辑的预览图像。在第一张幻灯片中插入"背景音乐.mid"文件作为第 1 到第 7 张幻灯片的背景音乐,放映时隐藏图标。

⑨为演示文稿中的所有幻灯片应用一种恰当的切换效果,并设置第 1 到第 6 张幻灯片的自动换片时间为 10 s,第 7 张幻灯片的自动换片时间为 50 s。

⑩为演示文稿中插入幻灯片编号,编号从 1 开始,标题幻灯片中不显示编号。

三、实验步骤

【步骤 1】

①在案例 1 的文件夹空白处单击鼠标右键,在弹出的快捷菜单中选择"新建"选项,在级联菜单中选择"Microsoft PowerPoint 演示文稿",如图 4.1.1 所示,然后把文件名修改为"世界动物日.pptx"(注意文件扩展名是否被隐藏)。

图 4.1.1　新建演示文稿

②双击打开新建的演示文稿文件,按照窗口的要求新建第一张幻灯片。一个空白的演示文稿的界面如图4.1.2所示。

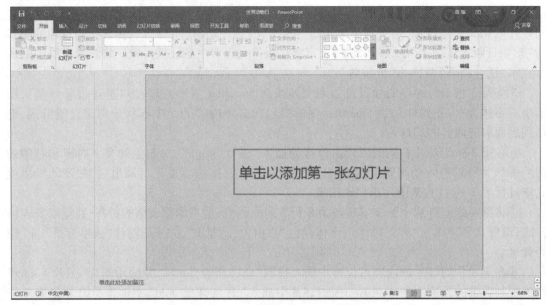

图4.1.2　空白演示文稿的初始界面

③单击"设计"选项卡"页面设置"分组中的"页面设置"按钮,打开"页面设置"对话框,如图4.1.3所示。在"幻灯片大小"下拉列表中选择"全屏显示(16∶9)",单击"确定"按钮。

图4.1.3　幻灯片页面设置

【步骤2】

说明

幻灯片母版,是存储有关应用的设计模板信息的幻灯片,包括字形、占位符大小或位置、背景设计和配色方案等。设定幻灯片母版:设置幻灯片的样式,可供用户设定各种标题文字、背景、属性等,只需更改一项内容就可更改所有幻灯片的设计。PowerPoint 中有3种母版:幻灯片母版、讲义母版、备注母版。幻灯片母版包含标题样式和文本样式。

①单击"视图"选项卡"母版视图"分组中的"幻灯片母版"按钮,如图4.1.4所示,打开幻灯片母版视图。

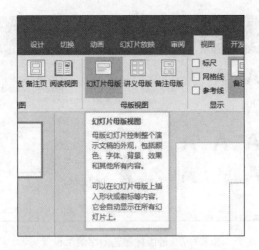

图 4.1.4 幻灯片母版切换

说明

幻灯片母版使用前后,功能区会发生变化,变化前后的对比如图 4.1.5 所示。

图 4.1.5 使用母版会引起功能区变化

②选中窗口左侧窗格中的第一张幻灯片,在"编辑母版"分组中单击"重命名"按钮,打开"重命名版式"对话框。在"版式名称"文本框中输入"世界动物日",如图 4.1.6 所示,单击"重命名"按钮。

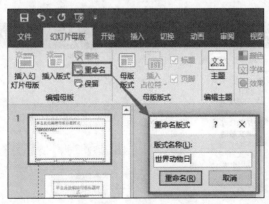

图 4.1.6 母版重命名

③选中母版标题框,单击"绘图工具"分组"格式"选项卡"艺术字样式"分组中的"快速样式"向下箭头,在其列表中选择"填充-白色,轮廓-蓝色,主题色 5:阴影"样式,如图 4.1.7 所示。

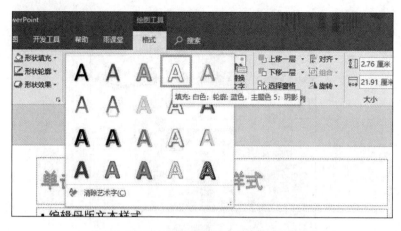

图 4.1.7　母版标题艺术字演示设置

选中标题文本框,在"艺术字样式"分组中单击"文本轮廓"向下箭头,在其列表中选择文本轮廓颜色为"蓝色,个性色 1",如图 4.1.8 所示。

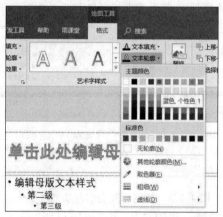

图 4.1.8　艺术字文本轮廓设置

④设置"开始"选项卡"字体"分组中的字体为"微软雅黑",如图 4.1.9 所示,单击"加粗"按钮。

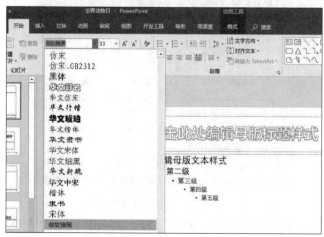

图 4.1.9　字体设置

说明

如果已知字体类型,在设置字体时可以搜索查找,不需要在字体列表中逐个查找,以节省时间。

选中母版中的内容框,设置"开始"选项卡中"字体"分组的字体为"方正姚体",设置文字颜色为"蓝色,个性色1"。

⑤选择标题幻灯片版式母版,单击"幻灯片母版"选项卡中"背景"启动器,打开"设置背景格式"窗格,在窗口右侧显示,如图 4.1.10 所示。

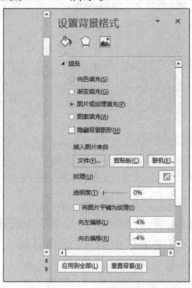

图 4.1.10　母版背景设置

在"填充"选项中选择"图片或纹理填充",单击"文件"按钮,打开"插入图片"对话框,找到案例 1 下的"图片 1.png",单击"插入"按钮,再单击"关闭"按钮,如图 4.1.11 所示。

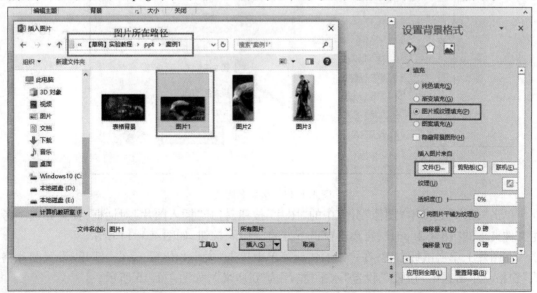

图 4.1.11　图片插入

【步骤3】

①在标题幻灯片上单击鼠标右键,在弹出的快捷菜单中单击"插入版式"命令,如图4.1.12所示。

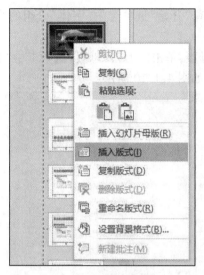

图4.1.12　插入版式

在新插入的版式上单击鼠标右键,在弹出的快捷菜单中选择"重命名版式"命令,打开"重命名版式"对话框。在"版式名称"文本框中输入"动物日版式1",单击"重命名"按钮,如图4.1.13所示。

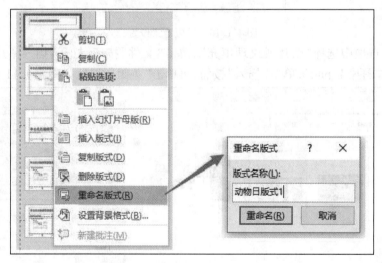

图4.1.13　重命名版式

单击"插入"选项卡"图像"分组中的"图片"按钮,打开"插入图片"对话框,找到并选中考生文件夹下的"图片2.png",再单击窗口下方的"打开"按钮,如图4.1.14所示。

在图片上单击鼠标右键,在弹出的快捷菜单中单击"大小和位置"命令,打开"设置图片格式"窗格。单击选中"位置",设置"水平位置"为"0厘米",如图4.1.15所示。

图 4.1.14　插入图片到版式

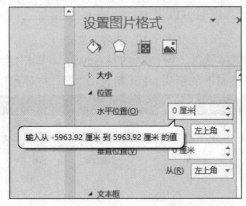

图 4.1.15　设置图片格式

选中标题占位符,单击鼠标右键,在弹出的快捷菜单中选择"设置形状格式"命令,打开"设置形状格式"对话框。单击选中"大小",调整其宽度为"17.6 厘米"。拖动标题占位符到图片的右侧,如图 4.1.16 所示。

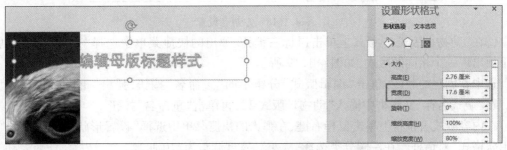

图 4.1.16　形状格式设置

单击"母版版式"分组中的"插入占位符"向下箭头,在其列表中选择"内容",拖动鼠标在标题占位符的下面画一个内容占位符,如图4.1.17所示。选中内容占位符上,选择右侧窗格"设置形状格式"的"大小和属性"按钮。单击选中"大小",设置高度为"9.5厘米"、宽度为"17.6厘米"。

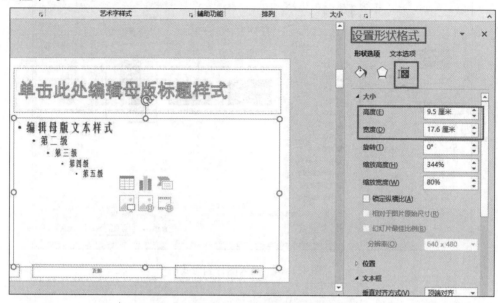

图4.1.17　内容占位符

利用"Ctrl"键同时选中"标题占位符"和"内容占位符",单击"绘图工具"下的"格式"选项卡"排列"分组中"对齐"按钮向下的箭头,在其列表中选择"左对齐",如图4.1.18所示。

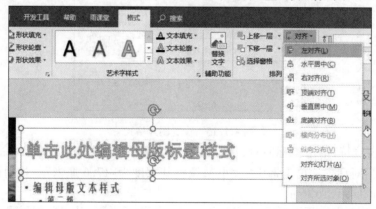

图4.1.18　左对齐设置

②在"动物日版式1"版式上单击鼠标右键,在弹出的快捷菜单中选择"复制版式",则在其下面出现一个相同的版式,如图4.1.19所示。

选中新创建的版式,单击"编辑版式"分组中的"重命名"按钮,弹出"重命名版式"对话框。在"版式名称"文本框中输入"动物日版式2",再单击"重命名"按钮。

在内容版式占位符上单击鼠标右键,在弹出的快捷菜单中选择"设置形状格式",打开"设置形状格式"对话框。在左侧分类选择"大小",宽度调整为"10厘米"。

图 4.1.19　复制版式

单击"母版版式"分组中的"插入占位符"向下箭头,在其列表中选择"图片",在内容占位符右侧按住左键并拖动鼠标画出一个图片占位符。在图片占位符上单击鼠标右键,在弹出的快捷菜单中选择"大小和位置"命令,打开□□□形状格式"对话框。设置宽度为"7.2 厘米"、高度为"9.5 厘米",如图 4.1.20 所示。

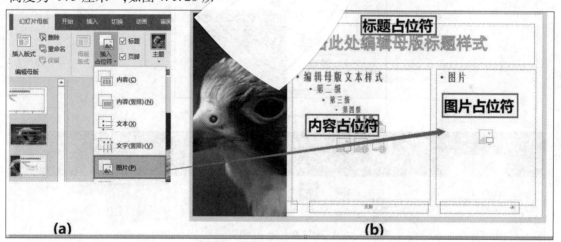

图 4.1.20　图片占位符

同时选中"内容占位符"和"图片占位符",单击"绘图工具"的"格式"选项卡"排列"分组中"对齐"按钮向下的箭头,在其列表中选择"顶端对齐"。然后选中"图片占位符"和"标题占位符",单击"绘图工具""格式"选项卡"排列"分组中的"对齐"按钮向下的箭头,在其列表中选择"右对齐"。

③在左侧列表中选中除"标题幻灯片""动物日版式 1"和"动物日版式 2"之外的其他幻灯片版式,单击"编辑母版"分组中的"删除"按钮,如图 4.1.21 所示。

④单击"关闭母版视图"按钮,其所在位置如图 4.1.22 所示。

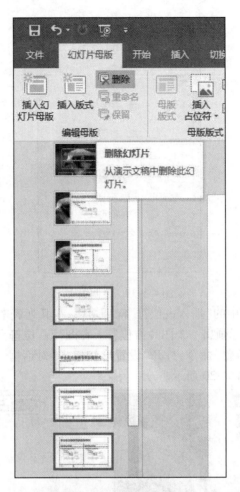

图 4.1.21 删除版式

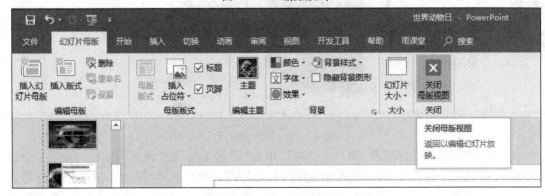

图 4.1.22 关闭母版视图

【步骤 4】

①打开案例 1 文件夹下的"文字素材. docx"文档和"完成效果. docx"文档。全选(快捷键"Ctrl + A")并复制"文字素材. docx"文档中的内容。

②单击"视图"下的"大纲视图",窗口左侧发生变化,按"Ctrl + V"快捷键将"文字素材. docx"文档中的内容复制到 PPT 中,如图 4.1.23 所示。

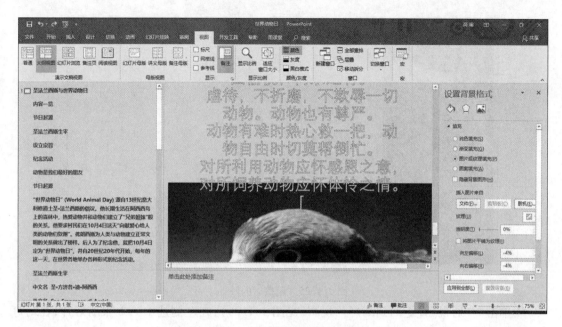

图 4.1.23　大纲视图下复制

③在窗口左侧的"大纲"选项卡中进行如下操作：将光标定位在"内容一览"文字前面，按回车键，如图 4.1.24 所示；将光标定位在第二个"节目起源"文字前面，按回车键；将光标定位在第二个"圣法兰西斯生平"文字前面，按回车键；将光标定位在第二个"设立宗旨"文字前面，按回车键；将光标定位在第二个"纪念活动"文字前面，按回车键；将光标定位在第二个"动物是我们最好的朋友"文字前面，按回车键。根据"完成效果.docx"文档，调整各幻灯中的标题和文本内容，如图 4.1.25 所示。

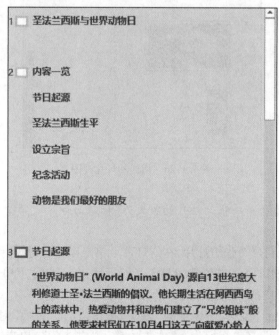

图 4.1.24　新建幻灯片

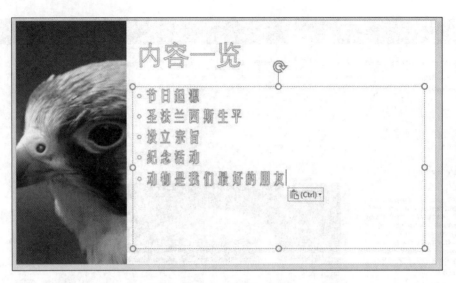

图 4.1.25　调整后的效果

④单击"普通视图"返回到幻灯片视图(见图 4.1.26),在左侧选中第 1 张幻灯片,在幻灯片上单击鼠标右键,在弹出的快捷菜单中选中"版式"中的"标题幻灯片"。

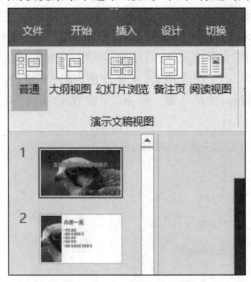

图 4.1.26　切回幻灯片视图

说明

在默认情况下,新建的第一张幻灯片的版式为"标题幻灯片",第二张幻灯片的版式为"标题和内容"版式。

在左侧选中第 2、4 到第 7 张幻灯片,在幻灯片上单击鼠标右键,在弹出的快捷菜单中选中"版式"中的"动物日版式 1";在左侧选中第 3 张幻灯片,在幻灯片上单击鼠标右键,在弹出的快捷菜单中选中"版式"中的"动物日版式 2",如图 4.1.27 所示。

⑤单击"开始"选项卡"编辑"分组中的"替换"按钮,打开"替换"对话框。在"查找内容"文本框中输入"法兰西斯",在"替换为"文本框中输入"方济各",单击"全部替换"按钮,再单击"关闭"按钮,如图 4.1.28 所示。

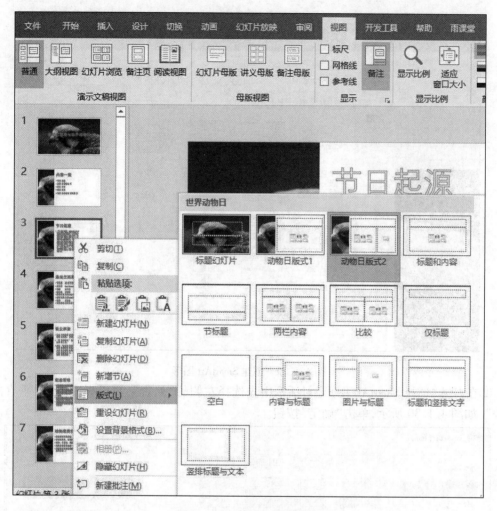

图 4.1.27　修改幻灯片版式

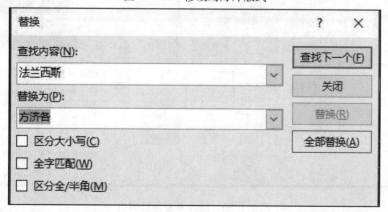

图 4.1.28　查找与替换

【步骤5】

①选中第 2 张幻灯片的内容占位符,在选中内容上单击鼠标右键,在弹出的快捷菜单中单击"转换为 SmartArt"中的"其他 SmartArt 图形"命令,如图 4.1.29 所示。

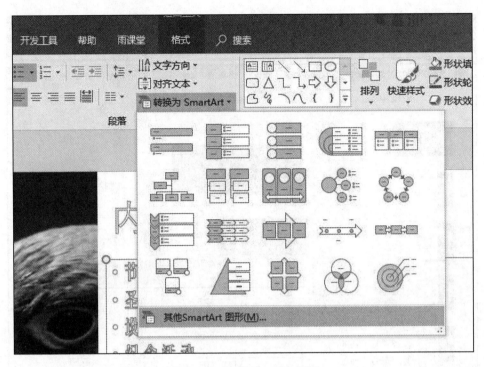

图 4.1.29　创建 SmartArt 图形

②在打开"选择 SmartArt 图形"对话框中先选择左侧的"列表",再选择右侧的"垂直曲形列表",如图 4.1.30 所示,单击"确定"按钮。

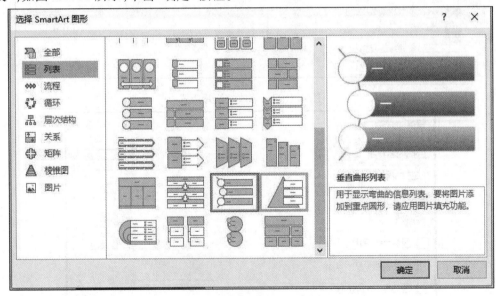

图 4.1.30　选择垂直曲形列表

③选中 SmartArt 图形,设置"开始"选项卡"字体"分组中的"字体"为"方正姚体",然后在"SmartArt 工具"下"SmartArt 样式"组选择"更改颜色"中的"彩色,个性色"和"优雅"效果,如图 4.1.31 所示。

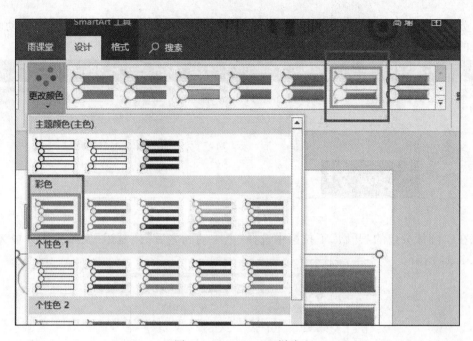

图 4.1.31　SmartArt 样式

【步骤 6】

①选中"SmartArt 图形"中包含"节日起源"的文本框,单击鼠标右键,在弹出的快捷菜单中选择"超链接",打开"插入超链接"对话框。选中"本文档中的位置",选择"3.节日起源"幻灯片,如图 4.1.32 所示,单击"确定"按钮。采用同样的方法为其他文本框建立超链接。

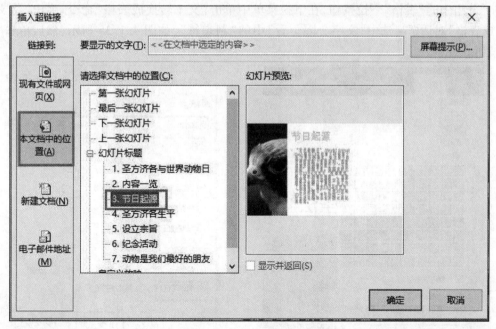

图 4.1.32　超链接设置

②单击第 3 张幻灯片右侧图片占位符中的图片,打开"插入图片"对话框,找到并选中文件夹下的"图片 3.jpg",单击"插入"按钮。

③分别选中左侧的内容文本框,单击"动画"选项卡"高级动画"分组中的"添加动画"按钮向下的箭头,在其列表中选择"进入"中的"淡入",如图4.1.33所示。

图4.1.33 动画效果

④在"计时"分组的"开始"下拉框中选择"上一动画之后","延迟"文本框中设置为1 s,如图4.1.34所示。

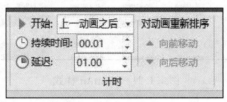

图4.1.34 动画计时

【步骤7】

①在"文字素材.docx"中选中"中文名……的创始人"这8行内容,然后单击"插入"选项"表格"分组中的"表格"下拉按钮,在下拉菜单中单击"文本转换成表格"命令,弹出"将文字转换成表格"对话框。选中"文字分隔位置"中的"制表符",如图4.1.35所示,然后单击"确定"按钮。

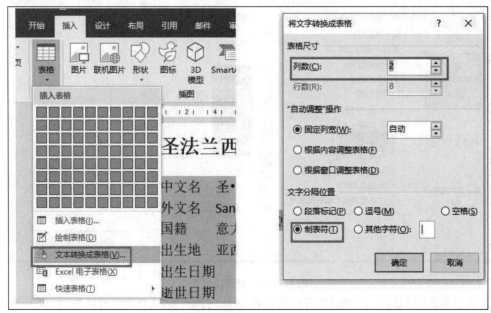

图4.1.35 文本转表格

②选中新生成的表格,然后按快捷键"Ctrl + C",返回 PPT 文档;选中第 4 张幻灯片占位符中的内容并删除,然后按快捷键"Ctrl + V"将表格粘贴,再适当调整表格单元格高、宽。选中"设计"选项卡"表格样式"中的"无样式,无网格",如图 4.1.36 所示。

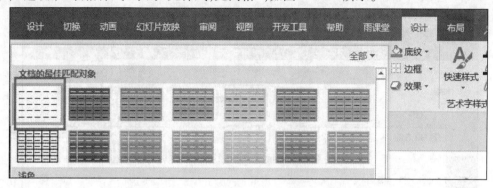

图 4.1.36　表格样式

选中表格,然后设置"开始"选项卡"字体"分组中的字体为"方正姚体",字体颜色为"白色,背景 1"。

③选中表格,单击"表格工具"的"设计"选项卡"表格样式"分组中的"底纹"按钮向下的箭头,在列表中选择"表格背景"中的"图片"(见图 4.1.37),打开"插入图片"对话框。找到并选中考生文件夹下的"表格背景. jpg",单击"插入"按钮,完成表格背景图片的设置。

图 4.1.37　表格背景图片的设置

【步骤 8】

①选中第 1 张幻灯片,单击"插入"选项卡"媒体"分组中的"音频"下拉箭头,在其中选择"PC 上的音频"命令,打开"插入音频"对话框。找到并选中文件夹下的"背景音乐.mid"文件,如图 4.1.38 所示,单击"插入"按钮。

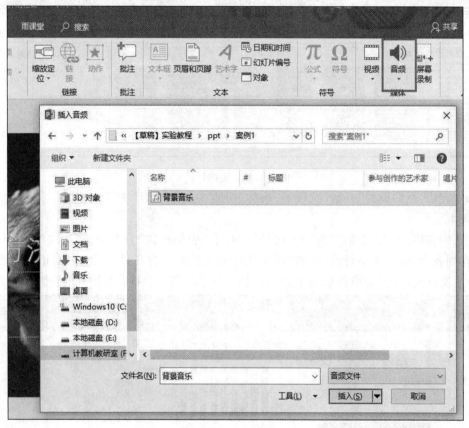

图 4.1.38 插入音频

单击"音频工具"的"播放"选项卡"音频选项"分组中的"开始"下拉列表,在其中选择"跨幻灯片播放",勾选"循环播放,直到停止"和"放映时隐藏"复选框,如图 4.1.39 所示。

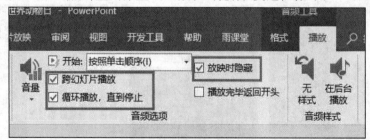

图 4.1.39 音频播放设置

在选中音频图标情况下,单击"动画"选项卡"动画"分组中的对话框启动器按钮(见图 4.1.40),打开"播放音频"对话框。在"开始播放"中选中"从头开始"按钮,在"停止播放"中选中"在"按钮,并将后面的数字改成"7"(见图 4.1.41),单击"确定"按钮。

图 4.1.40　播放音频启动器

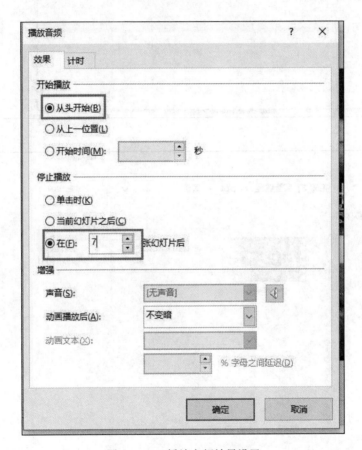

图 4.1.41　播放音频效果设置

　　②删除原有的文字内容后,单击其中的"插入媒体剪辑"按钮,打开"插入视频文件"对话框。找到并选中案例 1 文件夹中的"动物相册.wmv",如图 4.1.42所示,单击"插入"按钮。

　　单击"视频工具"的"格式"选项卡"调整"分组中的"标牌框架"下拉按钮,在下拉列表中单击"文件中的图像"命令(见图 4.1.43),打开"插入图片"对话框,找到并选中文件夹下的"图片 1.png"图片,单击"插入"按钮。

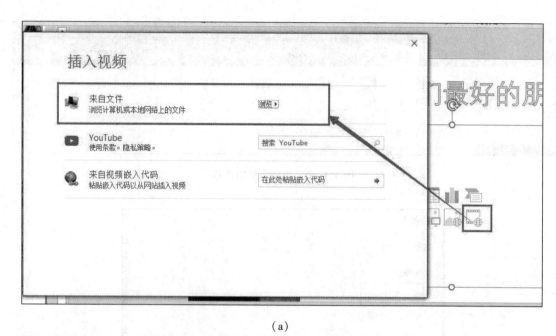

（a）

（b）

图 4.1.42 插入视频

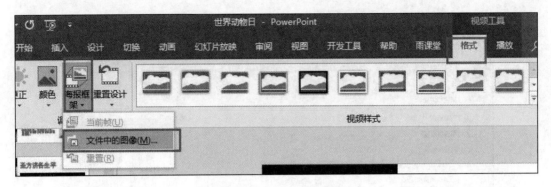

图 4.1.43　视频—海报框架

【步骤 9】

①选中"切换"选项卡"切换到此幻灯片"分组中的一种切换方案(例如:推荐),如图 4.1.44 所示,单击"计时"分组中的"全部应用"按钮。

图 4.1.44　幻灯片切换

②选中第 1～6 张幻灯片,在"切换"选项卡"计时"分组中勾选"设置自动换片时间"复选框,设置其时长为 10 s(00:10.00),如图 4.1.45 所示。

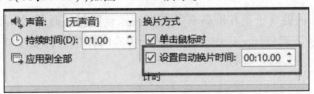

图 4.1.45　自动换片设置

③选中第 7 张幻灯片,在"切换"选项卡"计时"分组中勾选"设置自动换片时间"复选框,设置其时长为 50 s(00:50.00)。

【步骤 10】

①单击"插入"选项卡"文本"分组中的"幻灯片编号"按钮,打开"页眉和面脚"对话框,在"幻灯片"选项卡中勾选"幻灯片编号""标题幻灯片不显示"复制框,单击"全部应用"按钮,如图 4.1.46 所示。

②保存并关闭 PPT 文档。

注意

关于 PPT 幻灯片上放置的内容,我们可以理解为全部是多媒体素材(文本、图形图像、声音、视频、动画)或者这些内容的组合,如表格就可看作图形和文本的组合。

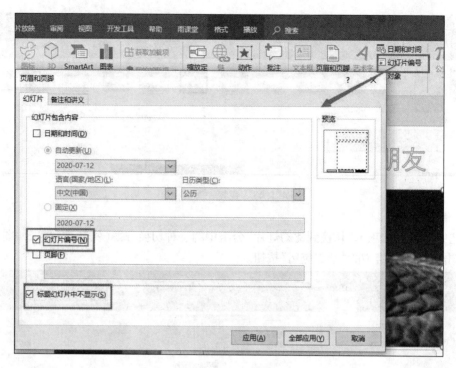

图 4.1.46　幻灯片页眉页脚

案例 2　制作高新技术企业科技政策课件

　　某事务所培训部的韩女士正在准备有关高新技术企业科技政策的培训课件,相关资料存放在 Word 文档"案例 2 素材. docx"中。请按下列实验内容帮助韩女士完成 PPT 课件的整合制作。

一、实验目的

　　①掌握 Word 与 PPT 的转换方法。
　　②掌握幻灯片的版式设置。
　　③掌握动画效果的制作。
　　④掌握 SmartArt 图形在幻灯片上的应用。
　　⑤掌握超链接的使用。
　　⑥掌握幻灯片母版的应用。
　　⑦掌握幻灯片的分节方法。

二、实验内容

　　①创建一个名为"高新技术企业科技政策介绍. pptx"的新演示文稿。该演示文稿需要包含 Word 文档"案例 2 素材. docx"中的所有内容,每张幻灯片对应 Word 文档中的一页。其中,Word 文档中应用了"标题 1""标题 2""标题 3"样式的文本内容,分别对应演示文稿中每页幻

灯片的标题文字、第一级文本内容、第二级文本内容。

②将第 1 张幻灯片的版式设为"标题幻灯片",在该幻灯片的右下角插入任意一幅剪贴画,依次为标题、副标题、图片三部分,设置"飞入"动画效果。副标题必须"作为一个对象"进入幻灯片,且三者进入幻灯片的顺序是图片、副标题、标题。

③第 2 张幻灯片的版式设为"两栏内容",参考原 Word 文档"案例 2 素材.docx"第 2 页中的图片将文本分置于左右两栏文本框中,并分别依次转换为"垂直项目符号列表"和"射线维恩图"类的 SmartArt 图形,适当改变 smartArt 图形的样式和颜色,令其更加美观。

④分别将文本"高新技术企业认定"和"技术合同登记"链接到相同标题的幻灯片。

⑤将第 3 张幻灯片中的第 2 段文本向右缩进一级、用标准红色字体显示,并为其中的网址增加正确的超链接,使其链接到相应的网站,要求超链接颜色未访问前保持为标准红色,访问后变为标准蓝色。为本张幻灯片的标题和文本内容添加不同的动画效果,并令正文文本内容按第二级段落、伴随着"捶打"声逐段显示。

⑥在每张幻灯片的左上角添加事务所的标志图片 Logo.jpg,将其设置于最底层以免遮挡标题文字。除标题幻灯片外,其他幻灯片均包含幻灯片编号、自动更新日期,日期格式为××××年××月××日。

⑦将演示文稿分为 6 节:1 到 3 张为第一节"高新科技政策简介";4 到 12 张为第二节"高新技术企业认定";13 到 19 张为第三节"技术先进型服务企业认定";20 到 24 张为第四节"研发经费加计扣除";25 到 32 张为第五节"技术合同登记";33 到 38 张为第六节"其他政策",分别为每节应用不同的设计主题和幻灯片切换方式。

⑧保存文档。

三、实验步骤

【步骤 1】

①首先打开"案例 2 素材.docx"文档,单击"自定义快速访问工具栏"右侧的小三角形,在弹出的列表中选择"其他命令"功能项,如图 4.2.1 所示。

图 4.2.1 打开"自定义快速访问工具栏"

②在弹出的"Word 选项"对话框中,"从下列位置选项命令"中选择"不在功能区的命令",然后在下方的列表中选中"发送到 Microsoft PowerPoint"选项,接着单击"添加"按钮把该选项添加到右侧列表中,最后单击"确定"按钮关闭"Word 选项"对话框,如图4.2.2 所示。

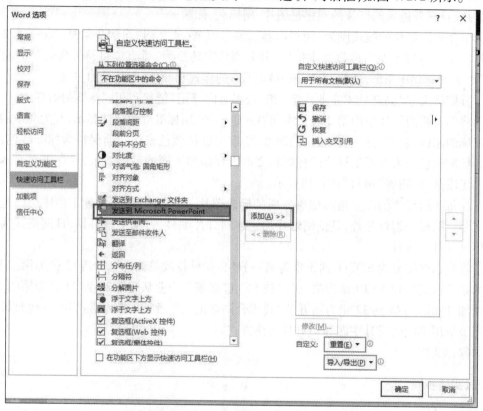

图4.2.2 "自定义快速访问工具栏"设置

③此时在"自定义快速访问工具栏"中会多出"发送到 Microsoft PowerPoint"的工具,设置前后情况对比如图4.2.3 所示,单击即可将 Word 文档内容发送到新建的"演示文稿1"中。

图4.2.3 自定义前后对比

④在幻灯片中单击"文件"选项卡下的"另存为"选项,命名为"高新技术企业科技政策介绍. pptx"。

注意

其他方法:在文件夹空白处单击右键,在弹出的快捷菜单中选择"新建"—"Microsoft PowerPoint 演示文稿"命令;双击打开该文件,然后单击"文件"选项卡中"打开"按钮,弹出"打开"对话框,进入素材文件夹,将打开的文件类型修改为"所有文件(*.*)";选择"案例2 素材. docx",单击"打开"按钮,将 Word 内容导入 PowerPoint;单击"保存"按钮。

【步骤 2】

①选中第一张幻灯片,单击"开始"选项卡"幻灯片"分组中的"版式"下拉按钮,在下拉列表中选择"标题幻灯片"项,如图 4.2.4 所示。

图 4.2.4　版式设置

②单击"插入"选项卡"插图"分组中的"图标"按钮,打开"插入图标"窗格,再单击"搜索"按钮,选择任意一张剪贴画,将图片移至右下角,如图 4.2.5 所示。

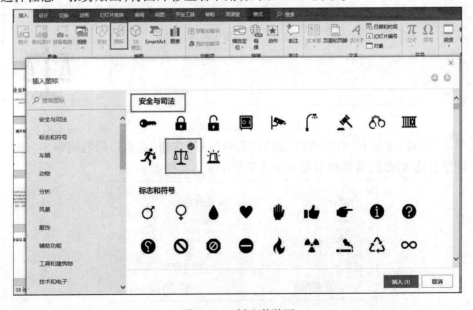

图 4.2.5　插入剪贴画

③选择第一张幻灯片中的"标题",单击"动画"选项卡"动画"分组中的"飞入"动画,如图4.2.6所示;以同样的方式,为副标题添加"飞入"动画,然后单击"动画"分组中的"效果选项"下拉按钮,单击下拉列表中"序列"中"作为一个对象"按钮,如图4.2.7所示,接着再为图片添加"飞入"动画。

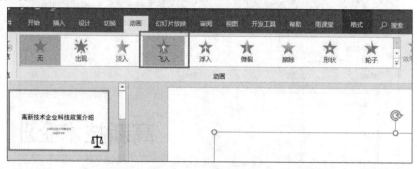

图4.2.6 "飞入"动画

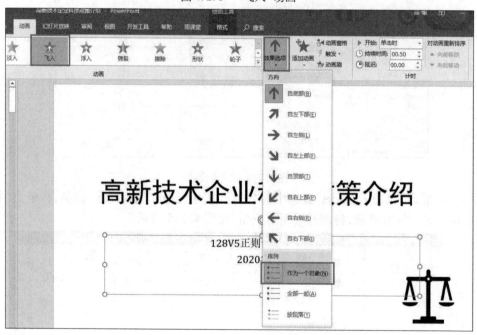

图4.2.7 效果选项设置

④单击"动画"选项卡"高级动画"组的"动画窗格"按钮,在窗口的右侧弹出"动画窗格"列表。调整各选项顺序,移动前后的对比效果如图4.2.8所示。

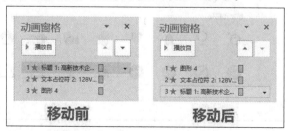

图4.2.8 动画顺序调整对比

【步骤3】

①选择第二张幻灯片,单击"开始"选项卡"幻灯片"分组中的"版式"下拉按钮,再选择"两栏内容"。

②选择第 2 个一级文本及下面的段落,即"科技服务业促进……"到结束,将其剪切到右边的占位符中,完成内容的分栏,幻灯片效果如图 4.2.9 所示。

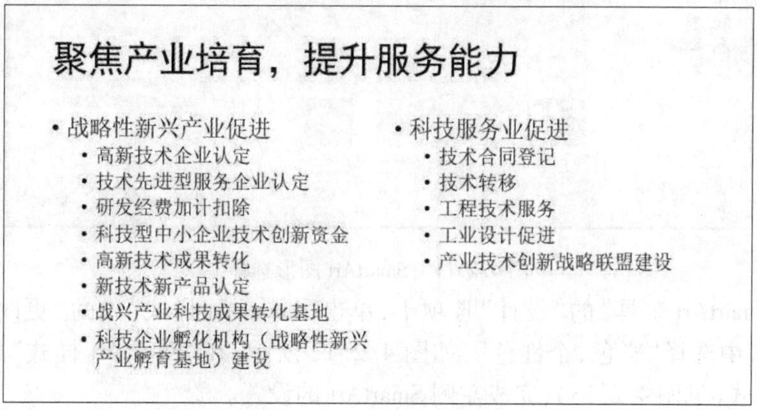

图 4.2.9　两栏内容版式

③选择左边占位符中所有的文本,单击"开始"选项卡"段落"分组中的"转换为 SmartArt 图形"下拉按钮,在下拉列表中选择"其他的 SmartArt 图形"(见图 4.2.10),在弹出的"选择 SmartArt 图形"对话框中,选择列表中的"垂直项目符号列表",将选中的内容转化为"垂直项目符号列表"的 SmartArt 图形。操作如图 4.2.11 所示。

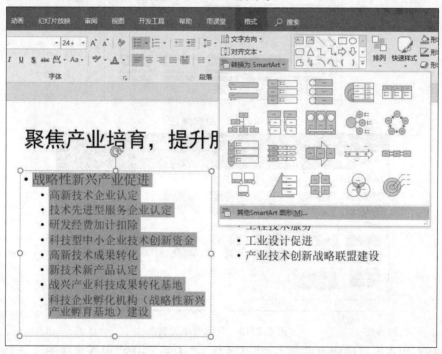

图 4.2.10　文本转 SmartArt 图形

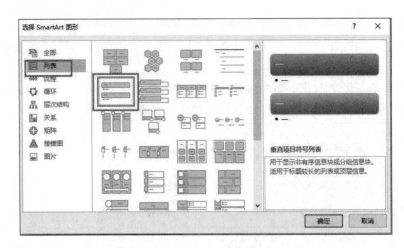

图 4.2.11　SmartArt 图形选择

　　④选择"SmartArt 工具"的"设计"选项卡,单击"SmartArt 样式"中的"更改颜色"下拉按钮,在下拉列表中选择"彩色,个性色",如图 4.2.12 所示;在"SmartArt 样式"组合框中选择"平面场景"样式(见图 4.2.13),完成左侧 SmartArt 的设置。

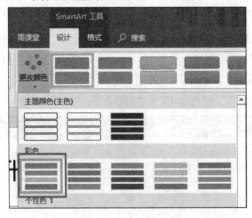

图 4.2.12　更改颜色

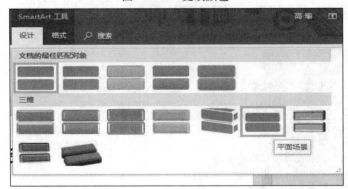

图 4.2.13　三维效果设置

　　⑤选择右边占位符中所有的文本,将其转化为"关系"中的"射线维恩图",选择"更改颜色"为"彩色范围—个性4 至 5",选择样式为"卡通",完成右侧 SmartArt 设置,效果如图4.2.14所示。

124

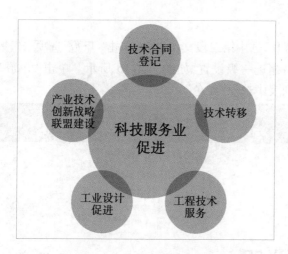

图 4.2.14　右占位符内容的 SmartArt 效果

【步骤 4】

①选择文字"高新技术企业认定",单击"插入"选项卡"链接"分组中的"超链接"按钮,打开"插入超链接"对话框,选择"链接到"中的"本文档中的位置",选择第 4 张幻灯片"一、高新技术企业认定",如图 4.2.15 所示。单击"确定"按钮,完成文本"高新技术企业认定"超链接的添加。

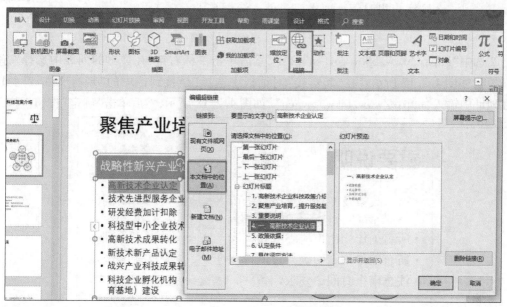

图 4.2.15　SmartArt 内容超链接设置

②选择"技术合同登记",将其链接到第 25 张幻灯片"四、技术合同登记",完成"技术合同登记"超链接的添加,再单击"确定"按钮。

注意

对幻灯片的内容设置超链接时,也可以从单击右键后弹出的列表中使用,但是不适合 SmartArt 图形内的内容。

【步骤5】

①选择第三张幻灯片，选中第二段文本，然后单击"开始"选项卡"段落"分组中的"提升列表级别"，完成文本向右缩进一级设置，如图4.2.16所示。单击"开始"选项卡中的"字体颜色"下拉按钮，在下拉列表中选中"红色"。

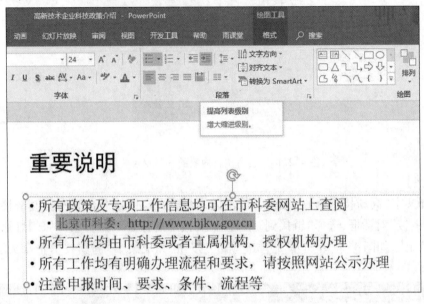

图4.2.16　提高列表级别

②选中"http://www.bjkw.gov.cn"文字，然后单击鼠标右键，在弹出的列表中选择"超链接"选项，如图4.2.17所示。在"超链接"对话框中选择"链接到："中的"现有文件和网页"，并在地址中输入"http://www.bjkw.gov.cn"，如图4.2.18所示，然后单击"确定"按钮。

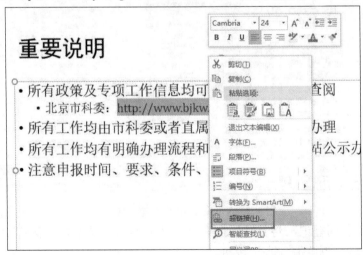

图4.2.17　右键列表"超链接"

图 4.2.18 网址超链接设置

③选择"设计"选项卡,单击"变体"分组中的"颜色"下拉按钮,在下拉列表中选择"自定义颜色",如图 4.2.19 所示。打开"新建主题颜色"对话框,将"超链接"颜色设置为"标准色红色",将"已访问超链接"颜色设置为"标准色蓝色"。修改后的图形界面如图 4.2.20 所示,单击"保存"按钮。

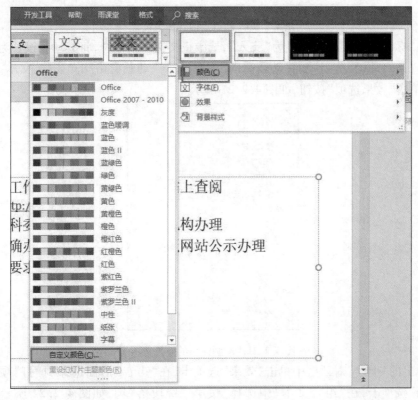

图 4.2.19 主题自定义颜色

图 4.2.20　超链接内容颜色设置

④选中"标题",将其动画设置为"飞入",选中正文文本占位符,将其动画设置为"浮入"。

⑤单击"高级动画"分组中的"动画窗格"按钮,打开"动画窗格",单击"2 文本占位符"后的倒三角,单击"效果选项"按钮,如图 4.2.21 所示。

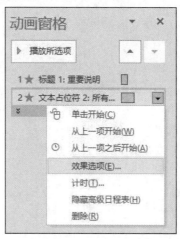

图 4.2.21　动画窗格的效果选项

⑥在弹出的"上浮"对话框中单击"效果"选项卡,在"声音"后面选择"捶打"项,单击"正文文本动画"选项卡,在"组合文本"中选择"按第二级段落"项,如图 4.2.22 所示,单击"确定"按钮。

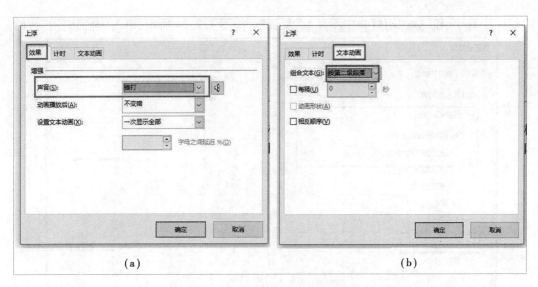

图 4.2.22　上浮动画效果设置

【步骤6】

①单击"视图"选项卡"母版视图"分组中的"幻灯片母版"按钮,进入"幻灯片母版"视图。

②单击最上面的母版幻灯片,然后选择"插入"选项卡,单击"图像"分组中的"图片"按钮,打开"插入图片"对话框,选择案例 2 中的"logo. jpg"(见图 4.2.23),并将该图片移至左上角。设置完毕后,单击"关闭母版视图"按钮。

图 4.2.23　母版添加图片

③单击"插入"选项卡"文本"分组中的"页眉和页脚"按钮。勾选"日期和时间"复选框,选择"自动更新"选项,在其下面的组合框中选择"××××年××月××日"格式的日期,勾

选"幻灯片编号"和"标题幻灯片中不显示"复选框,如图4.2.24所示,单击"全部应用"按钮。

图4.2.24　页眉和页脚设置

【步骤7】

①选择第1张幻灯片,单击"开始"选项卡"幻灯片"分组中的"节"下拉按钮,在下拉列表中选择"新增节",如图4.2.25所示;此时会自动弹出"重命名节"对话框;在该对话框中输入"高新技术政策简介",如图4.2.26所示;单击"重命名"按钮完成第1节设置。

图4.2.25　新增节

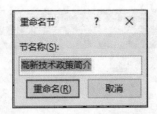

图 4.2.26　"重命名节"对话框

②按照上述操作,分别完成 4 到 12 张幻灯片"高新技术企业认定"节的添加,13 到 19 张幻灯片"技术先进型服务企业认定"节的添加,20 到 24 张幻灯片"研发经费加计扣除"节的添加,25 到 32 张幻灯片"技术合同登记"节的添加,以及 33 到 38 张幻灯片"其他政策"节的添加。

③单击"幻灯片"分组中的"节"下拉按钮,在下拉按钮中选择"全部折叠"命令,如图 4.2.27 所示。选中第 1 节"高新技术政策简介",单击"设计"选项卡"主题"分组中的一种主题(例如:视差),如图 4.2.28 所示。选中"切换"选项卡"切换到此幻灯片"分组中的一种切换效果(例如:切出),如图 4.2.29 所示。

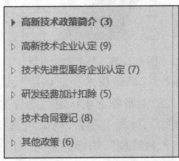

图 4.2.27　节折叠

图 4.2.28　整节主题设置

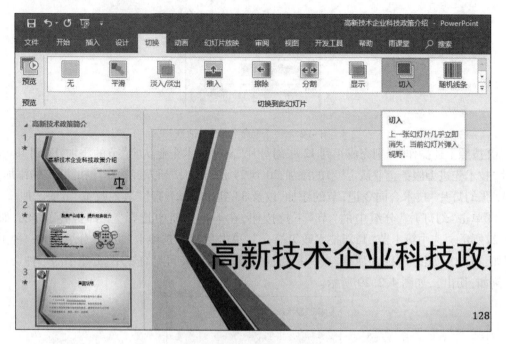

图 4.2.29　整节动画设置

　　④按照上述操作步骤完成第 2 节"高新技术企业认定",选择主题为"平面",选择切换方式为"淡入/淡出";第 3 节"技术先进型服务企业认定",选择主题为"剪切",选择切换方式为"推入";第 4 节"研发经费加计扣除",选择主题为"框架",选择切换方式为"擦除";选择第 5节"技术合同登记",选择主题为"木材纹理",切换方式为"分割";选择第 6 节"其他政策",选择主题为"徽章",切换方式为"显示"。

【步骤 8】

保存并关闭演示文稿文件。

第 **5** 章
计算机网络应用

案例 1　IP 地址配置与网络方案

一、实验目的

①了解网络环境。
②掌握 IP 地址的配置方式。
③掌握局域网中资源共享和访问的方法。

二、实验内容

①设置网络环境。
②配置 TCP/IP 协议。
③访问局域网资源。

三、实验步骤

1. 设置网络环境

1) 查看网络状态

①选择"开始"→"控制面板"→"网络和共享中心"命令。

②打开"更改适配器设置",窗口显示的是本计算机所有已经安装的网络设备。

③双击"本地连接"图标,可以单击右键打开"本地连接"的"状态"对话框,如图 5.1.1 所示。如果是无线连接,可以双击"无线网络连接",如图 5.1.2 所示。

在"常规"选项卡中可以查看到上网时间为"10:48:27",网络速率为"150.0 Mbit/s"。另外,也可以查看当前计算机的活动状态,以及发送数据包和接收数据包的情况。

图 5.1.1 "以太网状态"对话框　　　　图 5.1.2 "WLAN 状态"对话框

2）禁用/启用网络

①在"本地连接状态"对话框中单击"禁用"按钮,可以中断计算机的连接。禁用以后,本地连接 2 显示为灰色图标,如图 5.1.3 所示。

图 5.1.3 禁用本地连接

②在"本地连接"图标上右击,在弹出的快捷菜单中选择"启用"命令,可以再次启用网络连接,如图 5.1.4 所示。

图 5.1.4 启用本地连接

3）查看网卡的连接状况

①在如图 5.1.5 所示的"本地连接状态"对话框中单击"属性"按钮,打开"本地连接属性"对话框。

②单击"配置"按钮,打开"适配器属性"对话框,如图 5.1.6 所示。从该对话框中可以查看网卡类型以及网卡是否正常工作。

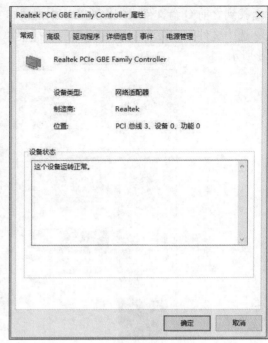

图 5.1.5　"以太网属性"对话框　　　　　图 5.1.6　网络适配器属性

2.配置 TCP/IP 协议

查看并记录计算机当前 IP 信息,包括 IP 地址、网关地址、子网掩码。在"本地连接"的"状态"对话框中单击"详细信息"按钮可以查看 IP 地址信息详细内容,如图 5.1.7 所示。

图 5.1.7　查看 IP 地址信息

3. 访问局域网资源

1）共享服务

①找到之前 G 盘文件夹 GY,在 GY 中再新建文件"myfile. txt"。

②选中文件夹 file 并右击,在弹出的快捷菜单中选择"属性",打开文件属性对话框,如图 5.1.8 所示。

图 5.1.8 文件属性对话框

③选中"共享"选项卡,如图 5.1.9 所示。

图 5.1.9 "共享"选项卡

④单击"共享"按钮,"选择要与其共享的用户",如图 5.1.10 所示。

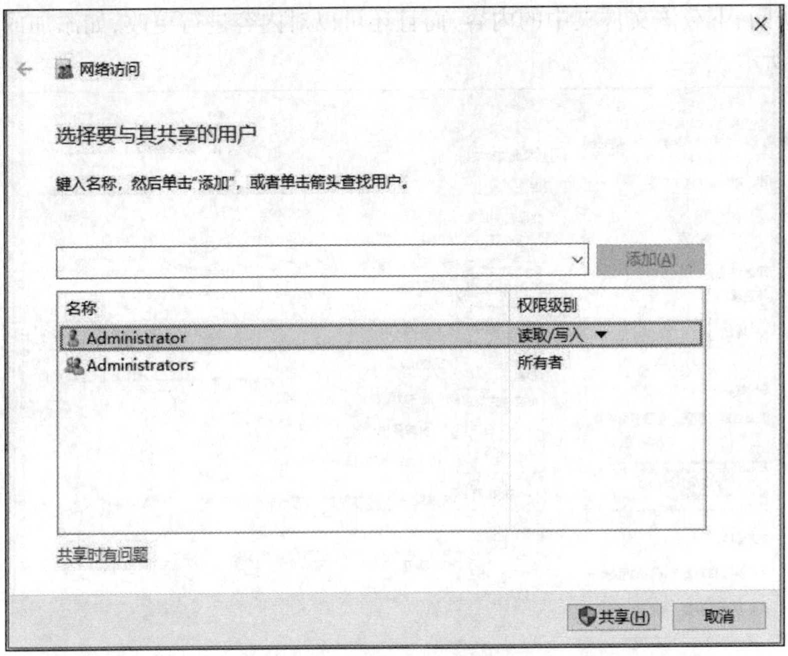

图 5.1.10　文件共享

⑤单击"高级共享",选中"共享此文件夹",如图 5.1.11 所示。

图 5.1.11　高级共享

⑥单击"添加",可修改共享名、权限、用户数限制等内容。例如"权限"可以设置为网络用户不仅可以访问、下载该文件夹中的内容,而且还可以对内容进行更改,如添加或删除等操作,如图 5.1.12 所示。

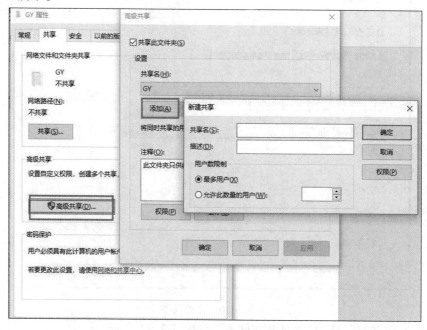

图 5.1.12 新建共享

⑦右击"计算机"图标,在弹出的快捷菜单中选择"属性"命令,单击"高级系统设置"按钮,在"计算机名"选项卡中查看当前计算机名称,如图 5.1.13 所示。

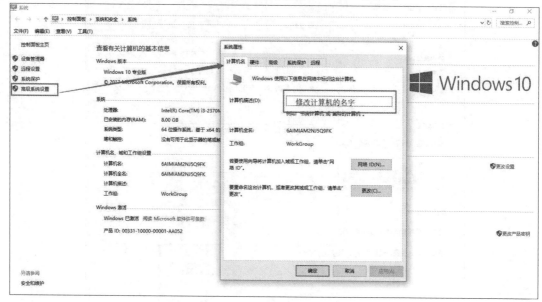

图 5.1.13 "系统属性"对话框

2）网络访问

　　①在局域网其他计算机上打开"开始"菜单,选择"网络",即可显示当前工作组中的所有计算机,如图 5.1.14 所示。

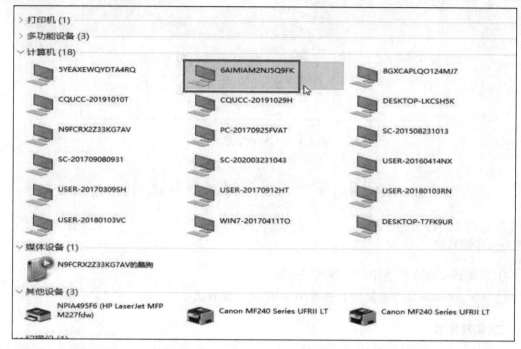

图 5.1.14　当前工作组中的所有计算机

　　②找到需要访问的计算机,双击将其打开(计算机有账户密码需要输入才能进行),即可看到其共享文件夹 GY,如图 5.1.15 所示。

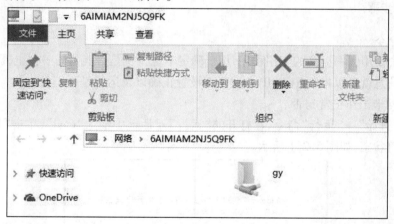

图 5.1.15　通过网络访问共享文件夹

　　③打开 file 文件中的文件"myfile.txt",输入"我已经修改过了",保存并关闭该文件,如图 5.1.16所示。

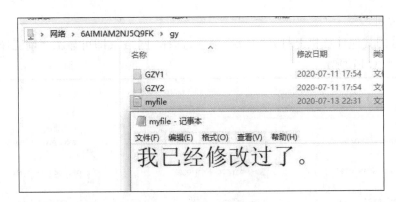

图 5.1.16　修改共享文件

案例 2　常用网络实用程序的使用

一、实验目的

①掌握 ping 命令并能用其检查网络故障。
②掌握 ipconfig 命令并能用其查看 TCP/IP 网络配置值。

二、实验内容

①ping 命令。
②ipconfig 命令。

三、实验步骤

1. ping 命令
ping 是个使用频率极高的实用程序,用于确定本地主机是否能与另一台主机交换数据报,根据返回的信息就可以推断 TCP/IP 参数是否设置正确以及运行是否正常。

1)验证网卡工作正常与否
①选择"开始"→"运行"命令,在打开的"运行"对话框中输入"cmd",单击"确定"按钮进入命令提示符状态,如图 5.2.1 所示。

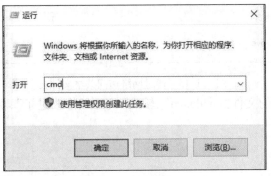

图 5.2.1　"运行"对话框

②在 DOS 提示符后输入"ping 192.168.3.10(本机 IP 地址)"后按回车键,若出现如图 5.2.2 所示内容,则说明网卡工作正常;若出现如图 5.2.3 所示内容,则说明网卡工作不正常。

```
管理员: C:\WINDOWS\system32\cmd.exe                      —   □   ×
Microsoft Windows [版本 10.0.16299.820]
(c) 2017 Microsoft Corporation。保留所有权利。

C:\Users\Administrator>ping 192.168.3.10

正在 Ping 192.168.3.10 具有 32 字节的数据:
来自 192.168.3.10 的回复: 字节=32 时间<1ms TTL=128
来自 192.168.3.10 的回复: 字节=32 时间<1ms TTL=128
来自 192.168.3.10 的回复: 字节=32 时间<1ms TTL=128
来自 192.168.3.10 的回复: 字节=32 时间<1ms TTL=128

192.168.3.10 的 Ping 统计信息:
    数据包: 已发送 = 4, 已接收 = 4, 丢失 = 0 (0% 丢失),
往返行程的估计时间(以毫秒为单位):
    最短 = 0ms, 最长 = 0ms, 平均 = 0ms

C:\Users\Administrator>
```

图 5.2.2　网卡工作正常

```
管理员: C:\WINDOWS\system32\cmd.exe                      —   □   ×
Microsoft Windows [版本 10.0.16299.820]
(c) 2017 Microsoft Corporation。保留所有权利。

C:\Users\Administrator>ping www.cqucc.com.cn

正在 Ping www.cqucc.com.cn [222.179.90.228] 具有 32 字节的
数据:
请求超时。
请求超时。
请求超时。
请求超时。

222.179.90.228 的 Ping 统计信息:
    数据包: 已发送 = 4, 已接收 = 0, 丢失 = 4 (100% 丢失),

C:\Users\Administrator>
```

图 5.2.3　网卡工作不正常

2)验证网络线路正常与否

①选择"开始"→"运行"命令,在打开的"运行"对话框中输入"cmd",单击"确定"按钮进入命令提示符状态。

②在 DOS 提示符后输入"ping 10.5.0.1(网关)"后按回车键,若出现如图 5.2.4 所示内容,则说明网卡工作正常;若出现如图 5.2.5 所示内容,则说明网卡工作不正常。

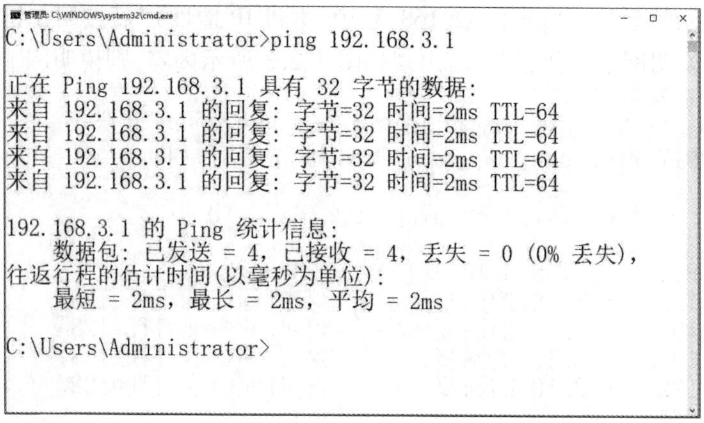

图 5.2.4　网卡工作正常

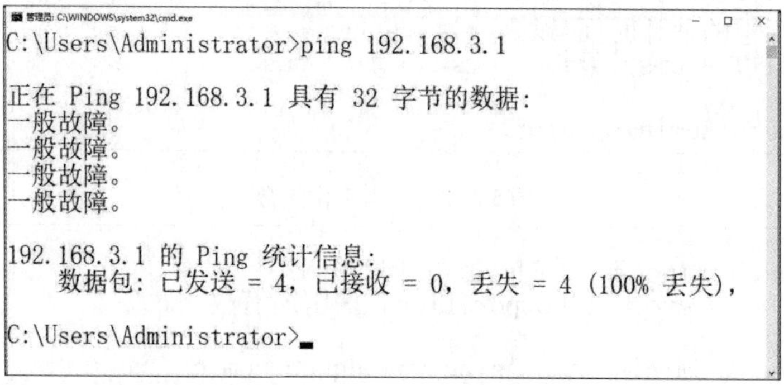

图 5.2.5　网卡工作不正常

3）验证 DNS 配置正确与否

①选择"开始"→"运行"命令，在打开的"运行"对话框中输入"cmd"，单击"确定"按钮进入命令提示符状态。

②在 DOS 提示符后输入"ping 61.128.128.68"后按回车键，若出现如图 5.2.6 所示内容，说明 DNS 服务器配置正确；否则，则说明 DNS 服务器配置错误。

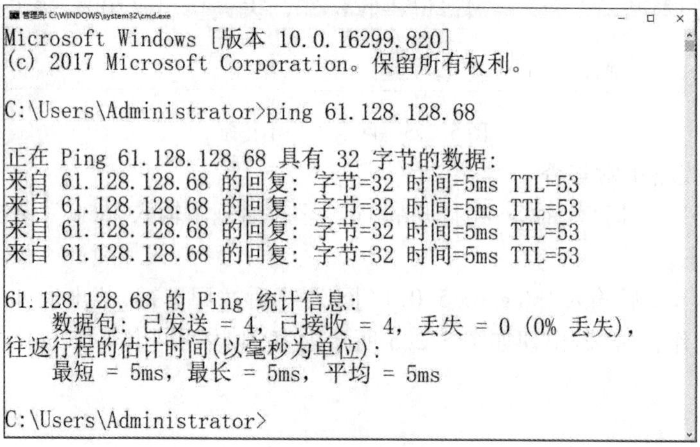

图 5.2.6　DNS 配置正确

2. ipconfig 命令

ipconfig 是内置于 Windows 的 TCP/IP 应用程序,用于显示本地计算机网络适配器的物理地址和 IP 地址等配置信息。这些信息一般用来检验手动配置的 TCP/IP 设置是否正确。当在网络中使用 DHCP 服务时,ipconfig 可以检测到计算机中分配到了什么 IP 地址,配置是否正确,并且可以释放、重新获取 IP 地址。这些信息对于网络测试和故障排除都有重要的作用。

1)用 ipconfig 命令返回 TCP/IP 网络配置基本信息

①选择"开始"→"运行"命令,在打开的"运行"对话框中输入"cmd",单击"确定"按钮进入命令提示符状态。

②在 DOS 提示符下输入"ipconfig"后按回车键,可以显示当前计算机的 IP 地址信息等,如图 5.2.7 所示。

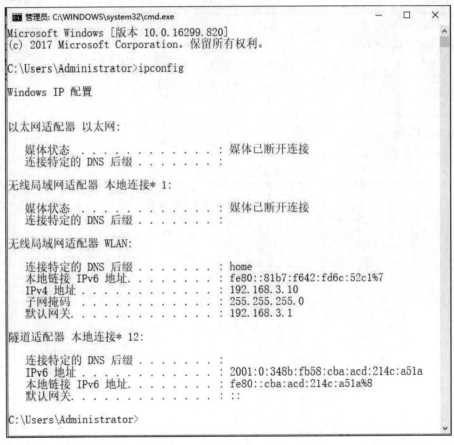

图 5.2.7 当前网络参数配置

2)用 ipconfig/all 命令给出所有连接的详细配置报告

①选择"开始"→"运行"命令,在打开的"运行"对话框中输入"cmd",单击"确定"按钮进入命令提示符状态。

②在 DOS 提示符下输入"ipconfig/all"后按回车键,系统将给出所有接口的详细配置报告,包括所有已配置的串行端口,如图 5.2.8 所示。

```
管理员: C:\WINDOWS\system32\cmd.exe                                      —    □    ×

Microsoft Windows [版本 10.0.16299.820]
(c) 2017 Microsoft Corporation。保留所有权利。

C:\Users\Administrator>ipconfig /all

Windows IP 配置

    主机名 . . . . . . . . . . . . . : 6AIMIAM2NJ5Q9FK
    主 DNS 后缀 . . . . . . . . . . :
    节点类型 . . . . . . . . . . . . : 混合
    IP 路由已启用 . . . . . . . . . : 否
    WINS 代理已启用 . . . . . . . . : 否
    DNS 后缀搜索列表 . . . . . . . . : home

以太网适配器 以太网:

    媒体状态 . . . . . . . . . . . . : 媒体已断开连接
    连接特定的 DNS 后缀 . . . . . . :
    描述. . . . . . . . . . . . . . : Realtek PCIe GBE Family Controller
    物理地址. . . . . . . . . . . . : 30-F9-ED-BD-0F-B1
    DHCP 已启用 . . . . . . . . . . : 是
    自动配置已启用. . . . . . . . . : 是

无线局域网适配器 本地连接* 1:

    媒体状态 . . . . . . . . . . . . : 媒体已断开连接
    连接特定的 DNS 后缀 . . . . . . :
    描述. . . . . . . . . . . . . . : Microsoft Wi-Fi Direct Virtual Adapter
    物理地址. . . . . . . . . . . . : 16-4B-F5-D4-35-DF
    DHCP 已启用 . . . . . . . . . . : 是
    自动配置已启用. . . . . . . . . : 是

无线局域网适配器 WLAN:

    连接特定的 DNS 后缀 . . . . . . : home
    描述. . . . . . . . . . . . . . : Qualcomm Atheros AR9485WB-EG Wireless Network Adapter
    物理地址. . . . . . . . . . . . : 84-4B-F5-D4-35-DF
```

图 5.2.8　当前所有网络参数配置

1. 下面叙述正确的是_____。（C）

    A. 算法的执行效率与数据的存储结构无关

    B. 算法的空间复杂度是指算法程序中指令（或语句）的条数

    C. 算法的有穷性是指算法必须能在执行有限个步骤之后终止

    D. 以上 3 种描述都不对

2. 以下数据结构中不属于线性数据结构的是_____。（C）

    A. 队列　　　　　　B. 线性表　　　　　　C. 二叉树　　　　　　D. 栈

3. 一棵二叉树上第 5 层的结点数最多是_____。（B）

    A. 8　　　　　　　　B. 16　　　　　　　　C. 32　　　　　　　　D. 15

4. 下面描述中，符合结构化程序设计风格的是_____。（A）

    A. 使用顺序、选择和重复（循环）3 种基本控制结构表示程序的控制逻辑

    B. 模块只有一个入口，可以有多个出口

    C. 注重提高程序的执行效率

    D. 不使用 goto 语句

5. 下面概念中，不属于面向对象方法的是_____。（D）

    A. 对象　　　　　　B. 继承　　　　　　C. 类　　　　　　　D. 过程调用

6. 在结构化方法中，用数据流程图（DFD）作为描述工具的软件开发阶段是_____。
（B）

    A. 可行性分析　　　B. 需求分析　　　　C. 详细设计　　　　D. 程序编码

7. 在软件开发中，下面任务不属于设计阶段的是_____。（D）

    A. 数据结构设计　　　　　　　　　　　B. 给出系统模块结构

    C. 定义模块算法　　　　　　　　　　　D. 定义需求并建立系统模型

8. 数据库系统的核心是_____。（B）

    A. 数据模型　　　　B. 数据库管理系统　C. 软件工具　　　　D. 数据库

9. 下列叙述中，正确的是_____。（C）

    A. 数据库是一个独立的系统，不需要操作系统的支持

    B. 数据库设计是指设计数据库管理系统

C. 数据库技术的根本目标是要解决数据共享的问题

D. 数据库系统中,数据的物理结构必须与逻辑结构一致

10. 下列模式中,能够给出数据库物理存储结构与物理存取方法的是_____。（A）

    A. 内模式　　　　　B. 外模式　　　　　C. 概念模式　　　　　D. 逻辑模式

11. 算法的时间复杂度是指_____。（C）

    A. 执行算法程序所需要的时间

    B. 算法程序的长度

    C. 算法执行过程中所需要的基本运算次数

    D. 算法程序中的指令条数

12. 下列叙述中,正确的是_____。（A）

    A. 线性表是线性结构　　　　　　　　　B. 栈与队列是非线性结构

    C. 线性链表是非线性结构　　　　　　　D. 二叉树是线性结构

13. 设一棵完全二叉树共有 699 个结点,则在该二叉树中的叶子结点数为_____。（B）

    A. 349　　　　　　　B. 350　　　　　　　C. 255　　　　　　　D. 351

14. 结构化程序设计主要强调的是_____。（B）

    A. 程序的规模　　　　　　　　　　　　B. 程序的易读性

    C. 程序的执行效率　　　　　　　　　　D. 程序的可移植性

15. 在软件生命周期中,能准确地确定软件系统必须做什么和必须具备哪些功能的阶段是_____。（D）

    A. 概要设计　　　　B. 详细设计　　　　C. 可行性分析　　　　D. 需求分析

16. 数据流图用于抽象描述一个软件的逻辑模型,数据流图由一些特定的图符构成。下列图符名标识的图符不属于数据流图合法图符的是_____。（A）

    A. 控制流　　　　　B. 加工　　　　　　C. 数据存储　　　　　D. 源和潭

17. 软件需求分析阶段的工作,可以分为四个方面:需求获取、需求分析、编写需求规格说明书以及_____。（B）

    A. 阶段性报告　　　B. 需求评审　　　　C. 总结　　　　　　　D. 都不正确

18. 下述关于数据库系统的叙述中,正确的是_____。（A）

    A. 数据库系统减少了数据冗余

    B. 数据库系统避免了一切冗余

    C. 数据库系统中数据的一致性是指数据类型的一致

    D. 数据库系统比文件系统能管理更多的数据

19. 关系表中的每一横行称为一个_____。（A）

    A. 元组　　　　　　B. 字段　　　　　　C. 属性　　　　　　　D. 码

20. 数据库设计包括两个方面的设计内容,它们是_____。（A）

    A. 概念设计和逻辑设计　　　　　　　　B. 模式设计和内模式设计

    C. 内模式设计和物理设计　　　　　　　D. 结构特性设计和行为特性设计

21. 算法的空间复杂度是指_____。（D）

    A. 算法程序的长度　　　　　　　　　　B. 算法程序中的指令条数

    C. 算法程序所占的存储空间　　　　　　D. 算法执行过程中所需要的存储空间

22. 下列关于栈的叙述中,正确的是_____。(D)
    A. 在栈中只能插入数据　　　　　　　B. 在栈中只能删除数据
    C. 栈是先进先出的线性表　　　　　　D. 栈是先进后出的线性表

23. 在深度为 5 的满二叉树中,叶子结点的个数为_____。(C)
    A. 32　　　　　　B. 31　　　　　　C. 16　　　　　　D. 15

24. 对建立良好的程序设计风格,下面描述正确的是_____。(A)
    A. 程序应简单、清晰、可读性好　　　　B. 符号名的命名要符合语法
    C. 充分考虑程序的执行效率　　　　　　D. 程序的注释可有可无

25. 下面对对象概念描述错误的是_____。(A)
    A. 任何对象都必须有继承性　　　　　B. 对象是属性和方法的封装体
    C. 对象间的通信靠消息传递　　　　　D. 操作是对象的动态性属性

26. 下面不属于软件工程的 3 个要素的是_____。(D)
    A. 工具　　　　　　B. 过程　　　　　　C. 方法　　　　　　D. 环境

27. 程序流程图(PFD)中的箭头代表的是_____。(B)
    A. 数据流　　　　　B. 控制流　　　　　C. 调用关系　　　　D. 组成关系

28. 在数据管理技术的发展过程中,经历了人工管理阶段、文件系统阶段和数据库系统阶段。其中,数据独立性最高的阶段是_____。(A)
    A. 数据库系统　　　B. 文件系统　　　　C. 人工管理　　　　D. 数据项管理

29. 用树形结构来表示实体之间联系的模型称为_____。(B)
    A. 关系模型　　　　B. 层次模型　　　　C. 网状模型　　　　D. 数据模型

30. 关系数据库管理系统能实现的专门关系运算包括_____。(B)
    A. 排序、索引、统计　　　　　　　　　B. 选择、投影、连接
    C. 关联、更新、排序　　　　　　　　　D. 显示、打印、制表

31. 算法一般都可以用哪几种控制结构组合而成?_____。(D)
    A. 循环、分支、递归　　　　　　　　　B. 顺序、循环、嵌套
    C. 循环、递归、选择　　　　　　　　　D. 顺序、选择、循环

32. 数据的存储结构是指_____。(B)
    A. 数据所占的存储空间量　　　　　　B. 数据的逻辑结构在计算机中的表示
    C. 数据在计算机中的顺序存储方式　　D. 存储在外存中的数据

33. 下列叙述中,正确的是_____个。(C)
    A. 数据处理是将信息转化为数据的全过程
    B. 数据库设计是指设计数据库管理系统
    C. 如果一个关系中的属性并非该关系的关键字,但它是另一个关系的关键字,则称其为本关系的外关键字
    D. 关系中的每列为元组,一个元组就是一个字段。

34. 在面向对象方法中,一个对象请求另一对象为其服务的方式是通过发送_____。(D)
    A. 调用语句　　　　B. 命令　　　　　　C. 口令　　　　　　D. 消息

35. 检查软件产品是否符合需求定义的过程称为_____。（A）

   A. 确认测试　　　　B. 集成测试　　　　C. 验证测试　　　　D. 验收测试

36. 下列工具中,属于需求分析常用工具的是_____。（D）

   A. PAD　　　　　　B. PFD　　　　　　C. N-S　　　　　　D. DFD

37. 下面不属于软件设计原则的是_____。（C）

   A. 抽象　　　　　　B. 模块化　　　　　C. 自底向上　　　　D. 信息隐蔽

38. 索引属于_____。（B）

   A. 模式　　　　　　B. 内模式　　　　　C. 外模式　　　　　D. 概念模式

39. 在关系数据库中,用来表示实体之间联系的是_____。（D）

   A. 树结构　　　　　B. 网结构　　　　　C. 线性表　　　　　D. 二维表

40. 将 E-R 图转换到关系模式时,实体与联系都可以表示成_____。（B）

   A. 属性　　　　　　B. 关系　　　　　　C. 键　　　　　　　D. 域

41. 在下列选项中,_____不是一个算法一般应该具有的基本特征。（C）

   A. 确定性　　　　　　　　　　　　　　B. 可行性

   C. 无穷性　　　　　　　　　　　　　　D. 拥有足够的情报

42. 希尔排序法属于_____。（B）

   A. 交换类排序法　　B. 插入类排序法　　C. 选择类排序法　　D. 建堆排序法

43. 下列关于队列的叙述中,正确的是_____。（C）

   A. 在队列中只能插入数据　　　　　　　B. 在队列中只能删除数据

   C. 队列是先进先出的线性表　　　　　　D. 队列是先进后出的线性表

44. 对长度为 N 的线性表进行顺序查找,在最坏情况下所需要的比较次数为_____。（B）

   A. $N+1$　　　　　B. N　　　　　　C. $(N+1)/2$　　　D. $N/2$

45. 信息隐蔽的概念与_____直接相关。（B）

   A. 软件结构定义　　B. 模块独立性　　　C. 模块类型划分　　D. 模拟耦合度

46. 面向对象的设计方法与传统的面向过程的方法有本质上的不同,它的基本原理是_____。（C）

   A. 模拟现实世界中不同事物之间的联系

   B. 强调模拟现实世界中的算法而不强调概念

   C. 使用现实世界的概念抽象地思考问题,从而自然地解决问题

   D. 鼓励开发者在软件开发的绝大部分中都用实际领域的概念去思考

47. 在结构化方法中,软件功能分解属于下列软件开发中的_____阶段。（C）

   A. 详细设计　　　　B. 需求分析　　　　C. 总体设计　　　　D. 编程调试

48. 软件调试的目的是_____。（B）

   A. 发现错误　　　　　　　　　　　　　B. 改正错误

   C. 改善软件的性能　　　　　　　　　　D. 挖掘软件的潜能

49. 按条件 f 对关系 R 进行选择,其关系代数表达式为_____。（C）

   A. R|X|R　　　　　B. R|X|R f　　　　C. 6f(R)　　　　　D. ∏f(R)

50. 数据库概念设计的过程中,视图设计一般有 3 种设计次序,以下各项中不对的是

_____。（D）

A. 自顶向下　　　　　　B. 由底向上　　　　　　C. 由内向外　　　　　　D. 由整体到局部

51. 在计算机中,算法是指_____。（C）

A. 查询方法　　　　　　　　　　　　B. 加工方法

C. 解题方案的准确而完整的描述　　　D. 排序方法

52. 栈和队列的共同点是_____。（C）

A. 都是先进后出　　　　　　　　　　B. 都是先进先出

C. 只允许在端点处插入和删除元素　　D. 没有共同点

53. 已知二叉树后序遍历序列是 dabec,中序遍历序列是 debac,它的前序遍历序列是_____。（A）

A. cedba　　　　　B. acbed　　　　　C. decab　　　　　D. deabc

54. 在下列几种排序方法中,要求内存量最大的是_____。（D）

A. 插入排序　　　　B. 选择排序　　　　C. 快速排序　　　　D. 归并排序

55. 在设计程序时,应采纳的原则之一是_____。（A）

A. 程序结构应有助于读者理解　　　　B. 不限制 goto 语句的使用

C. 减少或取消注解行　　　　　　　　D. 程序越短越好

56. 下列不属于软件调试技术的是_____。（B）

A. 强行排错法　　　B. 集成测试法　　　C. 回溯法　　　　　D. 原因排除法

57. 下列叙述中,不属于软件需求规格说明书的作用的是_____。（D）

A. 便于用户、开发人员进行理解和交流

B. 反映出用户问题的结构,可以作为软件开发工作的基础和依据

C. 作为确认测试和验收的依据

D. 便于开发人员进行需求分析

58. 在数据流图(DFD)中,带有名字的箭头表示_____。（C）

A. 控制程序的执行顺序　　　　　　　B. 模块之间的调用关系

C. 数据的流向　　　　　　　　　　　D. 程序的组成成分

59. SQL 语言又称为_____。（C）

A. 结构化定义语言　　　　　　　　　B. 结构化控制语言

C. 结构化查询语言　　　　　　　　　D. 结构化操纵语言

60. 视图设计一般有3种设计次序,不属于视图设计的是_____。（B）

A. 自顶向下　　　　B. 由外向内　　　　C. 由内向外　　　　D. 自底向上

61. 数据结构中,与所使用的计算机无关的是数据的_____。（C）

A. 存储结构　　　　　　　　　　　　B. 物理结构

C. 逻辑结构　　　　　　　　　　　　D. 物理和存储结构

62. 栈底至栈顶依次存放元素 A、B、C、D,在第 5 个元素 E 入栈前,栈中元素可以出栈,则出栈序列可能是_____。（D）

A. ABCED　　　　　B. DBCEA　　　　　C. CDABE　　　　　D. DCBEA

63. 线性表的顺序存储结构和线性表的链式存储结构分别是_____。（B）

A. 顺序存取的存储结构、顺序存取的存储结构

B. 随机存取的存储结构、顺序存取的存储结构

C. 随机存取的存储结构、随机存取的存储结构

D. 任意存取的存储结构、任意存取的存储结构

64. 在单链表中,增加头结点的目的是_____。（A）

A. 方便运算的实现

B. 使单链表至少有一个结点

C. 标识表结点中首结点的位置

D. 说明单链表是线性表的链式存储实现

65. 软件设计包括软件的结构、数据接口和过程设计,其中,软件的过程设计是指_____。（B）

A. 模块间的关系

B. 系统结构部件转换成软件的过程描述

C. 软件层次结构

D. 软件开发过程

66. 为了避免流程图在描述程序逻辑时的灵活性,提出了用方框图来代替传统的程序流程图,通常也把这种图称为_____。（B）

A. PAD 图   B. N-S 图   C. 结构图   D. 数据流图

67. 数据处理的最小单位是_____。（C）

A. 数据   B. 数据元素   C. 数据项   D. 数据结构

68. 下列有关数据库的描述,正确的是_____。（C）

A. 数据库是一个 DBF 文件   B. 数据库是一个关系

C. 数据库是一个结构化的数据集合   D. 数据库是一组文件

69. 单个用户使用的数据视图的描述称为_____。（A）

A. 外模式   B. 概念模式   C. 内模式   D. 存储模式

70. 需求分析阶段的任务是确定_____。（D）

A. 软件开发方法   B. 软件开发工具

C. 软件开发费用   D. 软件系统功能

71. 算法分析的目的是_____。（D）

A. 找出数据结构的合理性   B. 找出算法中输入和输出之间的关系

C. 分析算法的易懂性和可靠性   D. 分析算法的效率以求改进

72. n 个顶点的强连通图的边数至少有_____个。（C）

A. $n-1$ B. $n(n-1)$ C. n D. $n+1$

73. 已知数据表 A 中每个元素距其最终位置不远,为节省时间,应采用的算法是_____。（B）

A. 堆排序   B. 直接插入排序   C. 快速排序   D. 直接选择排序

74. 用链表表示线性表的优点是_____。（A）

A. 便于插入和删除操作

B. 数据元素的物理顺序与逻辑顺序相同

C. 花费的存储空间较顺序存储少

D. 便于随机存取

75. 下列不属于结构化分析的常用工具的是_____。（D）

　　A. 数据流图　　　　　　B. 数据字典　　　　　C. 判定树　　　　　　D. PAD 图

76. 软件开发的结构化生命周期方法将软件生命周期划分成_____。（A）

　　A. 定义、开发、运行维护　　　　　　　　B. 设计阶段、编程阶段、测试阶段

　　C. 总体设计、详细设计、编程调试　　　　D. 需求分析、功能定义、系统设计

77. 在软件工程中，白箱测试法可用于测试程序的内部结构。此方法将程序看作
　　_____。（C）

　　A. 循环的集合　　　　B. 地址的集合　　　　C. 路径的集合　　　　D. 目标的集合

78. 在数据管理技术发展过程中，文件系统与数据库系统的主要区别是数据库系统具有
　　_____。（D）

　　A. 数据无冗余　　　　　　　　　　　　B. 数据可共享

　　C. 专门的数据管理软件　　　　　　　　D. 特定的数据模型

79. 分布式数据库系统不具有的特点是_____。（B）

　　A. 分布式　　　　　　　　　　　　　　B. 数据冗余

　　C. 数据分布性和逻辑整体性　　　　　　D. 位置透明性和复制透明性

80. 下列说法中，不属于数据模型所描述的内容的是_____。（C）

　　A. 数据结构　　　　B. 数据操作　　　　C. 数据查询　　　　D. 数据约束

81. 下列关于栈的叙述正确的是_____。（D）

　　A. 在栈中只能插入数据　　　　　　　　B. 在栈中只能删除数据

　　C. 栈是先进先出的线性表　　　　　　　D. 栈是先进后出的线性表

82. 设有下列二叉树：

　　对此二叉树前序遍历的结果为_____。（C）

　　A. ABCDEF　　　　　B. DBEAFC　　　　　C. ABDECF　　　　　D. DEBFCA

83. 在关于数据库管理系统能实现的专门关系运算包括_____。（B）

　　A. 排序、索引、统计　　　　　　　　　B. 选择、投影、连接

　　C. 关联、更新、排序　　　　　　　　　D. 显示、打印、制表

84. 在关于数据库中，用来表示实体之间联系的是_____。（B）

　　A. 树结构　　　　B. 网结构　　　　C. 线性表　　　　D. 二维表

85. 下列叙述中，正确的是_____。（D）

　　A. 自己编写的程序主要是给自己使用的

　　B. 当前编写的程序主要是为当前使用的

　　C. 运行结果正确的程序一定具有易读性

D. 上述 3 种说法都不对

86. 长度为 0 的线性表称为_____。（C）

    A. 数据单元   B. 记录   C. 空表   D. 单个数组

87. 在完全二叉树中，若一个结点没有_____，则它必定是叶子结点。（C）

    A. 右子结点   B. 左子结点或右子结点

    C. 左子结点   D. 兄弟

88. 在基本层次联系中，学校与校长之间的联系是_____。（A）

    A. 一对一联系   B. 一对多联系

    C. 多对多联系   D. 多对一联系

89. 设关系 R 和 S 分别有 m 和 n 个元组，则 $R*S$ 的元组个数是_____。（D）

    A. m B. n C. $m+n$ D. $m*n$

90. 在下列数据结构中，不是线性结构的是_____。（D）

    A. 线性链表   B. 带链的栈   C. 带链的队列   D. 二叉链表

91. 在下列数据结构中，按先进后出的原则组织数据的是_____。（B）

    A. 循环队列   B. 栈   C. 循环链表   D. 顺序表

92. 下列叙述中，正确的是_____。（C）

    A. 软件维护是指修复程序中被破坏的指令

    B. 软件一旦交付使用就不需要再进行维护

    C. 软件交付使用后还需要进行维护

    D. 软件交付使用后其生命周期就结束

93. 数据独立性是数据库技术的重要特点之一。所谓数据独立性，是指_____。（D）

    A. 数据与程序独立存放

    B. 不同的数据被存放在不同的文件中

    C. 不同的数据只能被对应的应用程序所使用

    D. 以上 3 种说法都不对

94. 一辆汽车由多个零部件组成，且相同的零部件可适用于不同型号的汽车，则汽车实体集与零部件实体集之间的联系是_____。（D）

    A. $1:1$ B. $1:m$ C. $m:1$ D. $m:n$

95. 对顺序存储的线性表，设其长度为 n，在任何位置上反插入或删除操作都是等概率的，插入一个元素时大约要移动表中的_____个元素。（B）

    A. N B. $n/2$ C. $(n+1)/2$ D. $n+1$

96. 软件开发阶段通常可分成_____等阶段。（A）

    A. 软件设计、编码、软件测试   B. 软件编码、分析、软件测试

    C. 软件分析、编码、软件测试   D. 软件维护、编码、软件测试

97. 在结构化方法中，用数据流程图（DFD）作为描述工具的软件开发阶段是_____。（B）

    A. 可行性分析   B. 需求分析   C. 详细设计   D. 程序编码

98. 下列软件中，属于系统软件的是_____。（C）

    A. 航天信息系统   B. Office 2003

C. Windows Vista D. 决策支持系统

99. 下列叙述中错误的是_____。（A）

A. 软件测试的目的是发现错误并改正错误

B. 对被调试的程序进行"错误定位"是程序调试的必要步骤

C. 程序调试通常也称为 Debug

D. 软件测试应严格执行测试计划，排除测试的随意性

100. 20 GB 的硬盘表示容量约为_____。（C）

A. 20 亿个字节 B. 20 亿个二进制位

C. 200 亿个字节 D. 200 亿个二进制位

附录 2
全国计算机二级 MS Office 操作题

说明：题目来自网络，每题考查的知识点放在【】中，可供参考。

第一套题目

一、Word 字处理题

文档"北京市政府统计工作年报.docx"是一篇从互联网上获取的文字资料，请打开该文档并按下列要求进行排版及保存操作：

1. 将文档中的西文空格全部删除【替换—《删除》】。

2. 将纸张大小设为 16 开，上边距设为 3.2 cm、下边距设为 3 cm，左右页边距均设为 2.5 cm。【页面设置】

3. 利用素材前三行内容为文档制作一个封面页，令其独占一页（参考样例文件"封面样例.png"）。【插入—封面】

4. 将标题"（三）咨询情况"下用蓝色标出的段落部分转换为表格【文本转表格】，为表格套用一种表格样式使其更加美观【表格样式】。基于该表格数据，在表格下方插入一个饼图，用于反映各种咨询形式所占比例，要求在饼图中仅显示百分比【图表】。

5. 将文档中以"一、""二、"……开头的段落设为"标题 1"样式；以"（一）""（二）"……开头的段落设为"标题 2"样式；以"1、""2、"……开头的段落设为"标题 3"样式。【开始—样式—标题】

6. 为正文第 2 段中用红色标出的文字"统计局队政府网站"添加超链接，链接地址为"http://www.bistats.gov.cn/"。【超链接】同时在"统计局队政府网站"后添加脚注，内容为http://www.bistats.gov.cn【引用—脚注】。

7. 将除封面页外的所有内容分为两栏显示，但是前述表格及相关图表仍需跨栏居中显示，无须分栏。【页面布局—分栏（不同的分栏处会产生分节符的连续）】

8. 在封面页与正文之间插入目录，目录要求包含标题第 1—3 级及对应页号。目录单独占用一页，且无须分栏。【引入—自动生成目录】

9.除封面页和目录页外【页面布局—分隔符—分节符】,在正文页上添加页眉,内容为文档标题"北京市政府信息公开工作年度报告"和页码,要求正文页码从第1页开始,其中奇数页眉居右显示,页码在标题右侧,偶数页眉居左显示,页码在标题左侧。【页眉页脚—连接到前一条页眉—页码—奇偶页不同】

10.将完成排版的分档先以原 Word 格式及文件名"北京市政府统计工作年报.docx"进行保存,再另行生成一份同名的 PDF 文档进行保存。

二、Excel 表格处理题

中国的人口发展形势非常严峻,为此国家统计局每10年进行一次全国人口普查,以掌握全国人口的增长速度及规模。按照下列要求完成对第五次、第六次人口普查数据的统计分析:

1.新建一个空白 Excel 文档,将工作表 sheet1 更名为"第五次普查数据",将 sheet2 更名为"第六次普查数据",将该文档以"全国人口普查数据分析.xlsx"为文件名进行保存。【新建—工作表的重命名】

2.浏览网页"第五次全国人口普查公报.htm",将其中的"2000年第五次全国人口普查主要数据"表格导入工作表"第五次普查数据"中;浏览网页"第六次全国人口普查公报.htm",将其中的"2010年第六次全国人口普查主要数据"表格导入到工作表"第六次普查数据"中(要求均从 A1 单元格开始导入,不得对两个工作表中的数据进行排序)。【获取外部数据】

3.对两个工作表总的数据区域套用合适的表格样式,要求至少四周有边框、且偶数行有底纹,并将所有人口数列的数字格式设为带千位分隔符的整数。【套用表格样式—设置单元格格式】

4.将两个工作表内容合并,合并后的工作表放置在新工作表"比较数据"中(自 A1 单元格开始),且保持最左列仍为地区名称、A1 单元格中的列标题为"地区",对合并后的工作表适当地调整行高列宽、字体字号、边框底纹等【单元格格式】,使其便于阅读。以"地区"为关键字对工作表"比较数据"进行升序排列。【vlookup】

5.在合并后的工作表"比较数据"中的数据区域最右边依次增加"人口增长数"和"比重变化"两列,计算这两列的值,并设置合适的格式。其中:人口增长数 = 2010 年人口数 − 2000 年人口数;比重变化 = 2010 年比重 − 2000 年比重。【基本的加减运算】

6.打开工作簿"统计指标.xlsx",将工作表"统计数据"插入到正在编辑的文档"全国人口普查数据分析.xlsx"工作表"比较数据"的右侧。【工作表的移动—跨工作簿】

7.在工作簿"全国人口普查数据分析.xlsx"的工作表"比较数据"中的相应单元格内填入统计结果。【计算[1.利用函数,2.排序筛选(最后要还原)]记住:如果题目要求不能进行排序,复制一张表进行排序,把该表删除】

8.基于工作表"比较数据"创建一个数据透视表,将其单独存放在一个名为"透视分析"的工作表中。透视表中要求筛选出 2010 年人口数超过 5 000 万人的地区、2010 年所占比例、人口增长数,并按人口数从多到少排序。最后适当调整透视表中的数字格式。(提示:行标签为"地区",数字项依次为 2010 年人口数、2010 年比例、人口增长数)。【数据透视表】

三、PowerPoint 演示文稿题

某学校初中二年级五班的物理老师要求学生两人一组制作一份物理课件。小曾与小张自

愿组合,他们制作完成的第一章后三节内容见文档"第3—5节.pptx",前两节内容存放在文本文件"第1—2节.pptx"中。小张需要按下列要求完成课件的整合制作:

1. 为演示文稿"第1—2节.pptx"指定一个合适的设计主题;为演示文稿"第3—5节.pptx"指定另一个设计主题,两个主题应不同。【分节 + 设计】

2. 将演示文稿"第3—5节.pptx"和"第1—2节.pptx"中的所有幻灯片合并到"物理课件.pptx"中,要求所有幻灯片保留原来的格式。以后的操作均在文档"物理课件.pptx"中进行。【跨文稿移动】

3. 在"物理课件.pptx"的第3张幻灯片之后插入一张版式为"仅标题"的幻灯片,输入标题文字"物质的状态",在标题下方制作一张射线列表式关系图,样例参考"关系图素材及样例.docx",所需图片在考生文件夹中。为该关系图添加适当的动画效果,要求同一级别的内容同时出现、不同级别的内容先后出现。【版式 + 动画】

4. 在第6张幻灯片后插入一张版式为"标题和内容"的幻灯片,在该张幻灯片中插入与素材"蒸发和沸腾的异同点.docx"文档中所示相同的表格,并为该表格添加适当的动画效果。【表格 + 动画】

5. 将第4张、第7张幻灯片分别连接到第3张、第6张幻灯片的相关文字上。【超链接】

6. 除标题页外,为幻灯片添加编号及页脚,页脚内容为"第一章物态及其变化"。【页眉页脚】

7. 为幻灯片设置适当的切换方式,以丰富放映效果。【切换】

第二套题目

一、Word 字处理题

在考生文件夹下打开文本文件"word 素材.txt",按照要求完成下列操作并以文件名"WORD.docx"保存结果文档。

张静是一名大学本科三年级学生,经多方面了解分析,她希望在下个星期去一家公司实习。为获得难得的实习机会,她打算利用 Word 精心制作一份简洁而醒目的个人简历,示例样式如"简历参考样式.jpg"所示,要求如下:

1. 调整文档版面,要求纸张大小为A4,页边距(上、下)为2.5 cm,页边距(左、右)为3.2 cm。【页面设置对话框】

2. 根据页面布局需要,在适当的位置插入标准色为橙色与白色的两个矩形,其中橙色矩形占满 A4 幅面,文字环绕方式设为"衬于文字下方",作为简历的背景。【插入图形及对应的工具选项卡】

3. 参照示例文件,插入标准色为橙色的圆角矩形,并添加文字"实习经验",插入1个短划线的虚线圆角矩形框。【插入图形,修改】

4. 参照示例文件,插入文本框和文字,并调整文字的字体、字号、位置和颜色。其中"张静"应为标准色橙色的艺术字,"寻求能够……"文本效果应为跟随路径的"上弯弧"。【插入文本框—插入艺术字】

5. 根据页面布局需要,插入考生文件夹下图片"1. png",依据样例进行裁剪和调整,并删除图片的裁剪区域;然后根据需要插入图片 2. jpg、3. jpg、4. jpg,并调整图片位置。【插入图片—图片工具选项卡】

6. 参照示例文件,在适当的位置使用形状中的标准色橙色箭头(提示:其中横向箭头使用线条类型箭头),插入"SmartArt"图形,并进行适当编辑。【插入 SmartArt 图形】

7. 参照示例文件,在"促销活动分析"等 4 处使用项目符号"对勾",在"曾任班长"等 4 处插入符号"五角星"、颜色为标准色红色。调整各部分的位置、大小、形状和颜色,以展现统一、良好的视觉效果。【项目符号】

二、Excel 表格处理题

为让利消费者,提供更优惠的服务,某大型收费停车场规划调整收费标准,拟从原来"不足 15 分钟按 15 分钟收费"调整为"不足 15 分钟部分不收费"的收费政策。市场部抽取了 5 月 26 日至 6 月 1 日的停车收费记录进行数据分析,以期掌握该项政策调整后营业额的变化情况。请根据考生文件夹下"素材. xlsx"中的各种表格,帮助市场分析员小罗完成此项工作,具体要求如下:

1. 将"素材. xlsx"文件另存为"停车场收费政策调整情况分析. xlsx",所有的操作基于此新保存好的文件。【另存为】

2. 在"停车收费记录"表中,涉及金额的单元格格式均设置为保留 2 位小数的数值类型。依据"收费标准"表,利用公式将收费标准对应的金额填入"停车收费记录"表中的"收费标准"列;利用出场日期、时间与进场日期、时间的关系,计算"停放时间"列,单元格格式为时间类型的"××时××分"。【vlookup 函数—设置单元格格式】

3. 依据停放时间和收费标准,计算当前收费金额并填入"收费金额"列;计算机拟采用的收费政策的预计收费金额并填入"拟收费金额"列;计算拟调整后的收费与当前收费之间的差值并填入"差值"列。【hour、minute、mod、int、if】

4. 将"停车收费记录"表中的内容套用表格格式"表样式中等深浅 12",并添加汇总行,最后三列"收费金额""拟收费金额"和"差值"汇总值均为求和。【套用表格样式—sum—填充】

5. 在"收费金额"列中,将单次停车收费达到 100 元的单元格突出显示为黄底红字的货币类型。【条件格式】

6. 新建名为"数据透视分析"的表,在该表中创建 3 个数据透视表,起始位置分别为 A3、A11、A19 单元格。第一个透视表的行标签为"车型",列标签为"进场日期",求和项为"收费金额",可以提供当前的每天收费情况;第二个透视表的行标签为"车型",列标签为"进场日期",求和项为"拟收费金额",可以提供调整收费政策后的每天收费情况;第三个透视表行标签为"车型",列标签为"进场日期",求和项为"差值",可以提供收费政策调整后每天的收费变化情况。【数据透视表】

三、演示文档题

"天河二号超级计算机"是我国独立自主研制的超级计算机系统,2014 年 6 月再登"全球超算 500 强"榜首,为祖国再次争得荣誉。作为北京市第××中学初二年级的物理老师,李晓玲老师决定制作一个关于"天河二号"的演示幻灯片,用于学生课堂知识拓展。请你根据考生

文件夹下的素材"天河二号素材. docx"及相关图片文件,帮助李老师完成制作任务,具体要求如下:

1.演示文稿共包含 10 张幻灯片,标题幻灯片 1 张,概况 2 张,特点、技术参数、自主创新和应用领域各 1 张,图片欣赏 3 张(其中一张为图片欣赏标题页)。幻灯片必须选择一种设计主题,要求字体和色彩合理、美观大方。所有幻灯片中除了标题和副标题,其他文字的字体均设置为"微软雅黑"。演示文稿保存为"天河二号超级计算机. pptx"。【新建幻灯片 + 主题 + 字体设置】

2.第 1 张幻灯片为标题幻灯片,标题为"天河二号超级计算机",副标题为"——2014 年再登世界超算榜首"。【标题幻灯片版式】

3.第 2 张幻灯片采用"两栏内容"的版式,左边一栏为文字,右边一栏为图片,图片为考生文件夹下的"image1. jpg"。【两栏内容版式】

4.以下的第 3、4、5、6、7 张幻灯片的版式均为"标题和内容"。素材中的黄底文字即为相应页幻灯片的标题文字。【内容添加】

5.第 4 张幻灯片标题为"二、特点",将其中的内容设为"垂直块列表"SmartArt 对象,素材中红色文字为一级内容,蓝色文字为二级内容。并为该 SmartArt 图形设置动画,要求组合图形"逐个"播放,并将动画的开始设置为"上一动画之后"。【SmartArt 图形 + 动画】

6.利用相册功能为考生文件夹下的"image 2. jpg"至"image 9. jpg" 8 张图片"新建相册",要求每页幻灯片 4 张图片,相框的形状为"居中矩形阴影";将标题"相册"改为"六、图片欣赏"。将相册中的所有幻灯片复制到"天河二号超级计算机. pptx"中。【相册】

7.将该演示文稿分为 4 节,第一节节名为"标题",包含 1 张标题幻灯片;第二节节名为"概况",包含 2 张幻灯片;第三节节名为"特点、参数等",包含 4 张幻灯片;第四节节名为"图片欣赏",包含 3 张幻灯片。每一节的幻灯片均为同一种切换方式,节与节的幻灯片切换方式不同。【分节 + 切换】

8.除标题幻灯片外,其他幻灯片的页脚显示幻灯片编号。【页眉页脚】

9.设置幻灯片为循环放映方式,如果不点击鼠标,幻灯片 10 s 后自动切换至下一张。【幻灯片放映】。

附录 3
常用快捷键汇总

一、Word **快捷键**

组合键	功能描述	组合键	功能描述
Ctrl + S	保存	Ctrl + F	查找
Ctrl + B	加粗	Ctrl + Enter	插入分页符
Ctrl + I	斜体	Ctrl + F2	执行"打印预览"
Ctrl + U	为字符添加下划线	Ctrl + F4	关闭窗口
Ctrl + Shift + <	缩小字号	Ctrl + F10	将文档窗口关闭
Ctrl + Shift + >	增大字号	Ctrl + F5	还原文档窗口文档大小
Ctrl + C	复制所选文本或对象	Ctrl + F12	执行"打开"命令
Ctrl + X	剪切所选文本或对象	Shift + F4	重复"查找"或"定位"操作
Ctrl + V	粘贴文本或对象	Shift + F10	显示快捷菜单
Ctrl + Z	撤销上一操作	Shift + F12	选择"文件"菜单上的"保存"命令
Ctrl + Y	重复上一操作	F1	获得联机帮助或 Office 助手
Ctrl + A	全选整个文档	F12	选择"文件"菜单中的"另存为"命令
Alt + F4	退出 Word	Alt + F5	还原程序窗口大小
Alt + F10	将程序窗口最大化	Ctrl + Shift + F	改变字体
Ctrl + Shift + P	改变字号	Ctrl +]	逐磅增大字号
Shift + F3	改变字母大小写	Ctrl + [	逐磅减小字号
Ctrl + Shift + A	将所有字母设为大写	Ctrl + Shift + K	将所有字母设成小写
Ctrl + 1	单倍行距	Ctrl + 2	双倍行距
Ctrl + 5	1.5 倍行距	Ctrl + 0	在段前添加一行间距
Ctrl + E	段落居中	Ctrl + L	左对齐

续表

组合键	功能描述	组合键	功能描述
Ctrl + R	右对齐	Alt + Ctrl + 1	应用"标题1"样式
Alt + Ctrl + 2	应用"标题2"样式	Alt + Ctrl + 3	应用"标题3"样式
Shift + End	选择到行尾内容	Shift + Home	选择到行首内容
Shift + â	下一行	Shift + á	上一行
Ctrl + Shift + â	段尾	Ctrl + Shift + á	段首

二、Excel 快捷键

组合键	功能描述	组合键	功能描述
Ctrl + D	向下填充	Enter	在选定区域内从上往下移动
Ctrl + R	向右填充	Tab	在选定区域中从左向右移动
Home	移动到行首	Shift + Tab	在选定区域中从右向左移动
Ctrl + Home	移动到工作表的开头	Home	移动到窗口左上角的单元格
Ctrl + End	移动到工作表的最后一个单元格,位于数据中的最右列的最下行	Ctrl + 空格键	选定整列
箭头键	向上、下、左或右移动一个单元格	Shift + 空格键	选定整行
Ctrl + 箭头键	移动到当前数据区域的边缘	Ctrl + A	选定整张工作表
Enter	完成单元格输入并选取下一个单元	= (等号)	键入公式
Alt + Enter	在单元格中换行	Enter	在单元格或编辑栏中完成单元格输入
Ctrl + Enter	用当前输入项填充选定的单元格区域	Esc	取消单元格或编辑栏中的输入
Shift + Enter	完成单元格输入并向上选取上一个单元格	Shift + F3	在公式中,显示"插入函数"对话框
Tab	完成单元格输入并向右选取下一个单元格	Ctrl + A	当插入点位于公式中公式名称的右侧时,弹出"函数参数"对话框
Shift + Tab	完成单元格输入并向左选取上一个单元格	Ctrl + Shift + A	当插入点位于公式中函数名称的右侧时,插入参数名和括号
Ctrl + Shift + :（冒号）	输入时间	Alt + =	用 SUM 函数插入"自动求和"公式
Ctrl + ;	输入日期	Ctrl + '（左单引号）	在显示单元格值和显示公式之间切换

三、PowerPoint 快捷键（放映时）

组合键	功能描述
F5	从头开始运行演示文稿
Shift + F5	从当前页开始放映
N、Enter、Page Down、向右键、向下键或空格键	执行下一个动画或前进到下一张幻灯片
P、Page Up、向左键、向上键或空格键	执行上一个动画或返回到上一张幻灯片
number + Enter	转到幻灯片 number
B 或句号	显示空白的黑色幻灯片，或者从空白的黑色幻灯片返回到演示文稿
W 或逗号	显示空白的白色幻灯片，或者从空白的白色幻灯片返回到演示文稿
S	停止或重新启动自动演示文稿
Esc 或连字符	结束演示文稿
同时按住鼠标左右键 2 s	返回到第一张幻灯片
Ctrl + T	查看计算机任务栏
Tab	转到幻灯片上的第一个或下一个超链接
Shift + Tab	转到幻灯片上的最后一个或上一个超链接
Enter（当选中一个超链接时）	对所选的超链接执行"鼠标单击"操作
Print Screen	将屏幕上的图片复制到剪贴板上
Alt + Print Screen	将所选窗口上的图片复制到剪贴板上

说明：其实很多快捷键三个软件是通用的，这里就没有重复列出！

参考文献

［1］郭松涛.大学计算机基础实验教程［M］.重庆:重庆大学出版社,2006.

［2］颜烨,刘嘉敏.大学计算机基础(理工类)［M］.重庆:重庆大学出版社,2013.

［3］颜烨,毛盼娣,高瑜.大学计算机基础实验教程(理工类)［M］.重庆:重庆大学出版社,2014.

［4］潘银松,颜烨.大学计算机基础［M］.重庆:重庆大学出版社,2017.

［5］潘银松,高瑜.大学计算机基础实验指导［M］.重庆:重庆大学出版社,2017.

［6］John Walkenbach.中文版 Excel 2010 宝典［M］.崔婕,冉豪,译.北京:清华大学出版社,2012.

［7］沈炜,周克兰,钱毅湘,等.Office 高级应用案例教程［M］.北京:人民邮电大学出版社,2015.

［8］全国计算机等级考试命题研究组.全国计算机等级考试全能教程二级 MS Office 高级应用［M］.北京:北京邮电大学出版社,2015.

［9］教育部考试中心.全国计算机等级考试二级教程:MS Office 高级应用［M］.北京:高等教育出版社,2016.

［10］全国计算机等级考试命题研究室,虎奔教育教研中心.计算机二级 MS Office［M］.北京:清华大学出版社,2017.

［11］张晓昆,徐日.微软办公软件国际认证(MOS) Office 2010 大师级通关教程［M］.北京:清华大学出版社,2013.

［12］郝亮.微软办公软件国际认证标准教程——MOS 2010［M］.北京:中国铁道出版社,2013.